すだれやさんのゲンコー消印コレクション
Suzuki Morio San's Philately

Publisher: Stampedia, inc.
Author : SUZUKI Morio
Date of issue: Sep. 15th 2024
Number of Issue : 200
Price : 1000 Yen (VAT included)

Ⓒ Copyright by Stampedia, inc.
4-7-803 Kojimachi, Chiyoda, Tokyo, 102-0083
Design : YOSHIDA Takashi, Tokyo
Printing : Printpac, Kyoto

すだれやさんのゲンコー消印コレクション
Suzuki Morio San's Philately

目次

～序文にかえて～ 現行切手とその消印の魅力について	久野 徹	P. 2
第1部 機械印		P. 5
日立型機械印	久野 徹	P. 6
異形の日立型機械印	久野 徹	P. 22
モリコー卓上機械印	鈴木 盛雄	P. 25
昭和60年台のモリコー社の試作機械印	鈴木 盛雄	P. 34
選挙印	鈴木 盛雄	P. 44
第2部 欧文印・ローラー印・戦後型		P. 58
D欄櫛入り三日月印	久野 徹	P. 59
南米航路 船内印	鈴木 盛雄	P. 69
昭和56年以降の年号直彫ローラー印	鈴木 盛雄	P. 76
昭和50年以降の戦後型印	鈴木 盛雄	P. 88
第3部 切手		P.100
50円緑仏「記念紙」	久野 徹	P.101
第1次国宝シリーズ	久野 徹	P.110
Photos		P.124
著者紹介・あとがき		P.126

～ 序文にかえて ～
現行切手とその消印の魅力について

久野 徹

　長いお付き合いのある鈴木盛雄さんから、氏の現行切手コレクションの解説を頼まれた。切手記事執筆にブランクがあるため、何度も無理とお伝えした。しかしながら、氏のコレクションに、その昔書いた消印テーマが、重厚にコレクション構築され、データ更新はおろか新たな発見が集積されているのを見るにつけ、焼け木杭に火がついてしまった。

　タイトルは、「すだれやさんのゲンコー消印コレクション」。盛雄さんのコレクション解説を通じ、方寸の魅力を紹介して行きたい。

現行切手とは

　日本の郵趣シーンでは、「現行切手」という括りで切手収集をしている、という話をよく聞く。動植物国宝シリーズ以降や、円単位以降の切手を指すことが多い。

　しかし考えてみると、例えば5円おしどり切手。発行されたのは昭和30(1955)年、なんと69年前。立派なセミクラシック切手である。なぜこんな昔の切手を「現行」呼ばわりし続けるのだろうか。

　筆者はその理由のひとつとして「現行切手」と呼ばれる切手群の登場した時期に、キロボックスに代表される、使用済大量供給の仕組みが確立されたことを挙げる。使用済切手収集活動最大手のJOCSがこの活動を始めたのが昭和37年。その結果、昭和30年代以降の日本切手は、膨大な使用済を探索する収集スタイルが生まれた。キロボックスには、様々な種類の郵便物からカットされた膨大な量のオンピースが封入されている。それ以前の時代の日本切手ではまず見つからないような希少な存在率の使用済が、知識さえあれば誰でも掘り出せる世界を生み出した。

　例えば図1。**局名右書き**の櫛型印が押された、80円ヤマドリ切手である。愛知・松木島局(一宮市)では、昭和40年代後半、局名右書きの櫛型印を使った。消印で局名右書き→左書きとなったのは昭和24年だが、この切り替えは昭和27年頃にはほぼ完了し、昭和30年代にはまず見られなくなる。松木島局は市街地にある無集配特定局で、山奥の閑局というわけでもない。何らかどうの理由で、一時的に右書き印が復活使用されたのではないだろうか？筆者は昭和47年郵便料金値上げ時、3円料金収納印に予備印を使うことになり、この印が復活使用されたのではと推測する。

　この印が当時の郵趣家の目に留まる機会も稀だったのだろう。現存数の少ない消印で、使用済を貼り込み帳などから丹念に探したところで出会うことはまずない。しかしキロボックスの使用済の山を見ていると、時としてシーラカンスのような消印が、こんな素敵なショウピースとして現れる経験を、多くの現行屋は経験してきた。

　キロボックスのような使用済大量供給の仕組みが確立された時代の普通切手・航空切手、ときには記念特殊切手も含め、それ以前の時期の日本切手とは一線を画す使用済収集が出来る切手を敬意と愛着を込めて本稿では「現行切手」と呼ばせていただく。

着目したい「印群」の考え方

　現行切手には、確率的に希少な存在率の使用済が探しうることを説明した。この分野の使用済・使用例を集める上では、櫛型印やローラー印、欧文三日月印の満月を揃えるだけでは物足りず、その時期を象徴する消印バラエティーを集めたくなる。例えば最初に扱う「日立型機械印」。郵便自動化の中で、日立製作所が作った押印機由来の和文機械印のバラエティーで、昭和42-44年に、全国6局で試用された。

　このように年代的、あるいは年代的に、何らかの理由で特徴づけられた消印のグループを、「印群」という名称で定義付けたい。そしてそれは、ある局でたまたま使われた誤刻印とは明確に区別され、各時期の現行切手の消印収集を行う上で、広く意識される華となっている。

　本稿では印群の考え方を大切に、現行切手上の消印を紹介して行きたい。

図1 右書き櫛型印 昭和40年代使用
愛知・松木島 48.4.1

すだれやさんのゲンコー消印コレクション

第1部
機械印

日立型機械印

コレクション　鈴木盛雄　解説　久野 徹

　今では日本のイノベーション100選に選ばれる、郵便自動化システム。昭和30年代後半から、日本電気、東芝、日立製作所3社の競業によって、開発が進められた。

　同システムで、郵便物上の切手を検知し消印を押す装置として、自動取揃押印機が開発された。発光検知方式の日本電気、色検知方式の東芝と言えば、皆さんもピンと来るだろう。この競業において三番手に付けていた日立は、独創的な郵便物搬送構造の導入によって、高処理性能かつ小型の装置を訴求する自動取揃押印機、派生の書状押印機を開発した。

　搬送構造が特殊なため、専用の押印ユニットが用意され、特徴的な唐草印が生まれた。これらの押印機による消印を「日立型機械印」と呼ぶ。主たる試用期間は昭和42(1967)年～44(1969)年、限られた局で短期間使用された、印群の考え方に合致した魅力的な消印だといえる。その時期の書状・葉書料金用切手の15円新旧菊、7円新旧金魚上にみられる消印である。

日立型機械印の特徴

　通常の機械印を押す押印機は、郵便物の長手方向・切手に近い辺を基準面に当てて搬送する(図1)。一方、日立の試作押印機は、郵便物の短手方向・切手に近い辺を基準面に当てて搬送する(図2)。そのため、通常の機械印印顆(図3)とは異なる、専用の棒状印顆が用意された(図4)。

　構造の異なる専用印顆のため、印影も特徴のあるものとなった。その代表的な3タイプを、表1の図5-7に示す。

　しかし郵便物の短手方向・切手に近い辺といえば、長型封筒だとフラップを折り曲げてできる辺である。封筒に対して直角が担保されておらず、強度も無い辺であるため、搬送中に郵便物が倒れやすいという問題があった。加えて、装置の騒音が大きく、装置は正式採用に至らなかった。

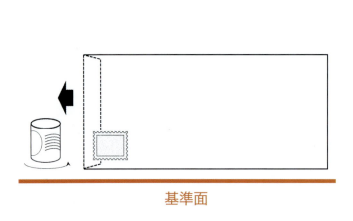

図1 通常の押印機の搬送方向

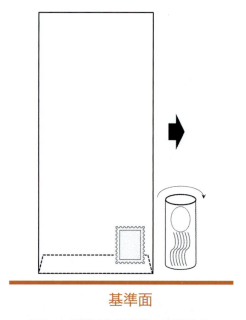

図2 日立製試作押印機の搬送方向

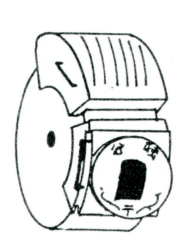

図3 通常の機械印印顆

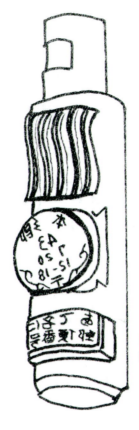

図4 日立製試作押印機の印顆
(現行押印機の状況と使用局一覧 1977より引用)

タイプ	標語無・戦後型 (I期)	標語無・24時間型 (II期)	標語有・24時間型 (III期)
印影	図5	図6	図7
特徴	細い波線、局名文字や年月日時刻、唐草模様がシャープに彫られる。「1」活字にセリフがある(無いものもある)。	細い波線、局名文字や年月日時刻、唐草模様がシャープに彫られる。「1」活字にセリフがある(無いものもある)。	短く大きな蛇行する太めの波部、局名や年月日時刻、標語の文字は大きく、彫刻に不慣れな印象。「1」活字にセリフがないものが多い。
確認データ 浦和	42.12.13 - 12.24(a)	42.12.29 - 43.5.16 43.12 - 44.1.7	43.6.13 - 44.11.14
千葉	42.12.23 - 43.3.14	43.1.1 - 43.7.9 (43.7.1 - 43.7.9はIII期切り替え後)	43.6.21 - 44.12.6
本郷	42.11.22 - 42.12.16	43.1.8 - 43.6.9(b)	43.6.18 - 44.8.27
東淀川	42.12.15 - 42.12.26	43.1.5 - 43.6.14	43.6.20(c) - 44.12.31
尼崎	42.12.16 - 43.1.4	43.1.19 - 43.4.21	43.12.16 - 44.11.25

大宮局での試用

　埼玉県の大宮郵便局には、昭和41年8月、機械化実験室が設置され、様々な装置が実郵便上で使用された。発光切手方式の日本電気の取揃押印機の試用が有名だが、日立製作所もこの局に取揃押印機、書状押印機を持ち込み、4度の試用を行っている。それぞれの確認された試用期間、特徴を表2にまとめる。いずれの試用も極めて短期間で、収集の難易度は極めて高い。

　まず昭和42年、書状押印機が2回試用された。9月末に「0号機」と呼ばれる最初の試作機が配備された。11月には後に浦和局で試用される機体が大宮局に搬入され試用されている。

　次に、昭和43年2月、11月に切手検知機能の付いた自動取揃押印機の試用が行われている。この自動取揃押印機は日立製作所にとって郵便システム事業で重要な位置づけの試作機のはずだが、短期間で試用を終えている。日立の切手検知は色検知方式だが、新15円菊切手など色検知対応の切手がこの時期大宮局で売られた形跡はなく、主に発光15円切手上にみられる。性能が見限られた試作機だったのだろう。I期からIV期までの印影(図8-11)・データを表2にまとめる。

　大宮局の日立型機械印は、昭和42年の2試行分の存在が認知されず、かつては昭和43年2月をI期、11月をII期と呼んでいた。本稿では改めて、昭和42年9月をI期、11月をII期、昭和43年2月をIII期、11月をIV期と採番しなおすことを提案したい。

タイプ	I期	II期	III期	IV期
印影	図8	図9	図10	図11
由来	最初に試作された書状押印機「0号機」による。	浦和局で試用された書状押印機を、大宮で試用したもの。	自動取揃押印機によるもの。	III機の自動取揃押印機を改良した試作機によるもの。
特徴	5局の標語無・戦後型タイプとほぼ同じ。波はシャープではない。	5局の標語無・戦後型タイプと同じ。「1」活字にセリフがある。		5局の標語無・戦後型タイプとほぼ同じだが、波が短い。
確認データ	42.9.21(d) - 42.9.25	42.11.1	43.2.22 - 43.2.27	43.11.21 - 43.11.30

図 12 は III 期の局内試し押し印。台葉書が 5 円なので、郵趣家の作った官白では無く、局内で装置調整時に押されたものだとわかる。

　図 13 は IV 期の実逓便。台切手は発光 15 円。1966 年シリーズの至宝と言っても過言ではない。図 14 は昭和 42 年国体に IV 期印影が押されたもの。IV 期は波が短いため、単片切手上に読める印影が残る確率が僅かながらあった。一方、I 期、II 期の印影は、極めて得難いものと言える。

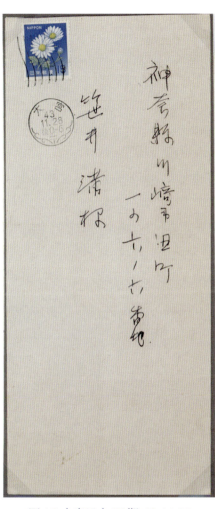

図 13 大宮日立 IV 期 43.11.28

図 14 大宮日立 IV 期 43.11.22

図 12 大宮日立 III 期試し押し 43.2.23

5局での書状押印機の試用

　切手検知機能を省き、人手で向きを揃えられた書状を含む郵便物に機械印押印を行う書状押印機。日立が試作した書状押印機は、浦和、千葉、本郷、尼崎、東淀川の5局に配備され、実郵便での評価が行われた。

　当初は標語無・戦後型、ついで24時間型に切り替えられ、郵番標語有24時間型に切り替えられている(表1)。以降、各局での試行状況を、実例を用いて紹介する。

浦和局での試行

　浦和局ではこの押印機を、書状、葉書両方に使用した。

　当初使用の標語無戦後型は、わずか11日の確認で24時間型に切り替えられる。それ故浦和日立の戦後型は極めて少ない(図15)。

　標語無24時間型は、昭和42年12月からの5か月間(図16)と、昭和44年年賀状時期の2度使われている。後者は、昭和44年年賀期に標語無機械印を使うよう通達が出され、それを受けての復活使用である(図17)。こちらも期間が短く、少ない。

　標語有は1年半の使用期間があり、単片、使用例とも入手の機会はある(図18)。

図15 浦和Ⅰ期 42.12.24　　図16 浦和Ⅱ期 44.1.1　　図17 浦和Ⅱ期 44.1.6
44年年賀時期 沖縄宛船便葉書　　図18 浦和Ⅲ期 44.5.23

千葉局での試行

　千葉局ではこの押印機を、葉書専用に使用したらしい。見つかる使用例、使用済は、葉書由来のものがほとんどである。

　当初使用の標語無戦後型は、4か月程度使用された（図19）。

　標語無24時間型は、昭和43年7月までと、他局より遅い時期までの使用期間がある（図20）。これは後述する選挙印への切り替えが絡んでいる。千葉局は他局同様、昭和43年6月に標語有に印顆を切り替えた。ところが昭和43年6月後半、日立型の押印機を選挙印押印に使用することになり、選挙印に換装可能な標語無の印顆に戻しているのである。図21は復活使用された標語無24時間型の最新データ。千葉局の標語無24時間型↔標語有24時間型の切り替えはより詳細にトレースされるべきで、この標語無復活使用は浦和の昭和44年 年賀期使用同様区別されるべき存在だと考える。

　標語無24時間型は1年半の使用期間があり、単片は入手の機会が多い。図22は郵便書簡への千葉日立押印例である。葉書以外への使用例は、極めて難しい。

　昭和44年の標語有印に、年号活字取り付けが甘く空欄になったものが見られる。

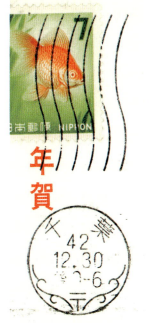   

図19 千葉Ⅰ期 42.12.30　　図20 千葉Ⅱ期 44.1.14　　図21 千葉Ⅱ期 44.7.9 選挙印使用時の復活使用　　図22 千葉Ⅲ期 43.9.9

千葉局の選挙印

　日立型機械印には、選挙印も用意されていた。昭和43年6月告示の第8回参議院議員選挙の際、千葉局にて日立型の選挙印が使用された(図23)。この印は長らく発見されず、存在しないだろうと考えられていたもので、現存まで発見数点とのこと。これも至宝と呼ぶにふさわしい。日立型の選挙印は千葉局以外では見つかっていない。

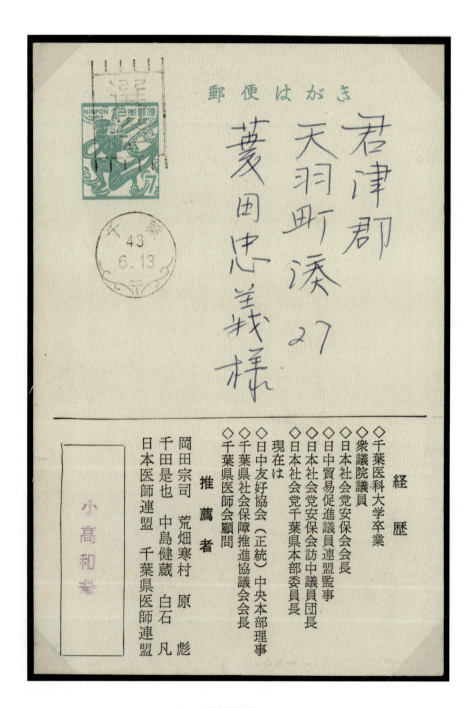

図23 千葉選挙印 43.6.13

本郷局での試行

　浦和局ではこの押印機を、書状、葉書両方に使用した。
　当初使用の標語無戦後型は、1か月程度の使用で少ない(図24)。標語無24時間型は5か月程度使用された(図25)。標語有は1年半の使用期間がある(図26)。

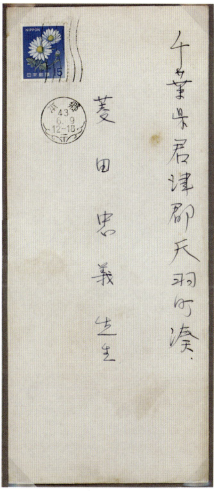
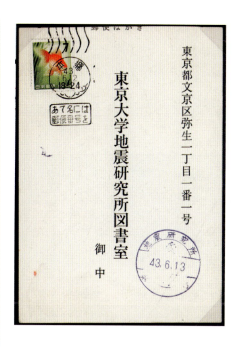

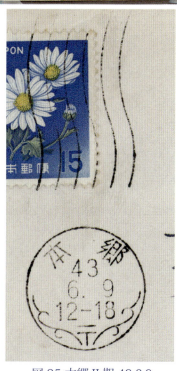

図24 本郷Ⅰ期 42.11.25　　　図25 本郷Ⅱ期 43.6.9　　　図26 本郷Ⅲ期 43.6.12

尼崎局での試行

　尼崎局ではこの押印機を、書状、葉書両方に使用した。この局は試用期間を通じ、日立製書状押印機を良く稼働させたようで、使用済・使用例とも入手機会がある。

　当初使用の標語無戦後型は、1か月弱の使用で少ない(図27)。標語無24時間型は3か月程度使用された(図28)。標語有は1年半の使用期間がある(図29)。

　この局では標語有印使用開始後、「前8-12」活字を復活使用している(図30)。24時間型「8-12」活字に何らかの不具合が発生したのだろうか。

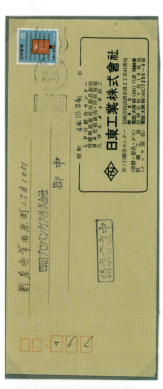

図27 尼崎Ⅰ期 43.1.4　　　図28 尼崎Ⅱ期 43.2.13　　　図29 尼崎Ⅲ期 44.3.2　　　図30 尼崎標語有戦後型 44.10.25

尼崎の短波標語無

　本稿を書いている最中に、盛雄さんのコレクションの中から新しい発見をした。それは尼崎局の、大宮日立Ⅳ期に似た、短波の標語無戦後型の存在である(図31、拡大図32)。縦方向に伸縮が生じない新しい印影のため、通常の標語無がスリップして出来たものではない。まさしく、尼崎日立に5種目のタイプが登場した。この印が使用されてから55年、知名度の高い消印に、このような新規なバラエティが見つかるのは驚異的である。「尼崎 短波標語無」と命名したい。

　図33に、大宮4期、短波標語無、一般の標語無の比較図を用意した。大宮Ⅳ期と似てはいるが、大宮は波長さ21mmに対し、尼崎短波標語無は23mmで、仕様が微妙に違うのも興味深い。一般の標語無との差異は並べてみるとよくわかる。一方で、デートサークルと波部の間隔はいずれも6mmで、短波標語無を区別することはできない。

　使用日付は月が不鮮明で読めない。現時点のデータは、昭和43年-月2日24時間型だ。

　この印はおそらく珍しい。一方で、日立型を標語「有/無」で単純認識していると、見落としてしまう可能性がある。ぜひ皆さんにも、コレクションを見直していただきたいと思う。尼崎局の短波標語無の二例目、三例目の報告を期待する。あるいは、他の4局からも、同様な例が見つかるかも知れない。まさに現行消印の醍醐味だ。

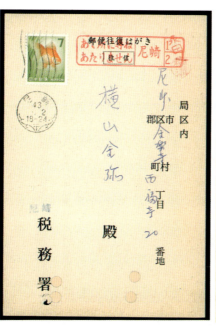

図31 尼崎 短波標語無 43.-.2

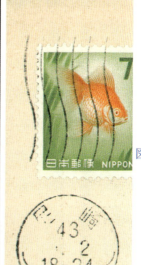

図32 尼崎 短波標語無 拡大図

図33 尼崎 短波標語無 比較図
大宮Ⅳ期(左) 波21㎜
尼崎 短波標語無(中) 23mm
通常の標語無(右) 29mm

尼崎局の45年年賀印

　丸島一廣氏の調査により、日立型機械印には年賀印は用意されていないとされていた。ところが尼崎局の昭和45年1月1日年賀印が平成になってから見つかり、現行党の郵趣家は大騒ぎとなった。現在までに2点のみが確認されている(図34，35)。謎な印である。年賀印が正式に用意されたのであれば、他局でも使用が確認されておかしくない。

　ここからは個人的な仮説だが、尼崎局の日立型年賀印は、尼崎局が通常の唐草年賀印「年賀」活字を改造し、自局で準備した印なのではと考えている。年賀の「年賀」の文字を見ると、通常の唐草年賀印の「年賀」より極端に文字間が詰められている(図35 尼崎局の通常唐草印による昭和45年年賀印)。かつ「年」の左下、「賀」の右下は強く押印され、逆に「年」の右上、「賀」の左上は印が当たっていない。通常の唐草年賀印の「年賀」の活字を割り、文字間を削るなりして無理やり日立型の印顆に収めたものではないだろうか。図3,4に両印顆の構造を示したが、仮説のように印を組むと、両印顆の円筒方向の違いからこの「年賀」文字のような強弱が生まれる。

　いずれにしても、尼崎局の日立型年賀印も、現行切手の至宝であることは間違いない。

図34 尼崎 年賀 45.1.1

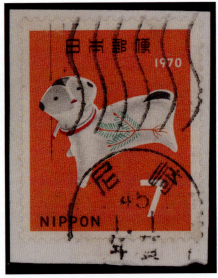
図35 尼崎 年賀 45.1.1

図36 尼崎 通常の機械印による年賀印 45.1.1

東淀川局での試行

東淀川局はこの押印機を、書状、葉書両方に使用した。この局は尼崎局同様、よく使用した。

当初使用の標語無戦後型は、約半月の使用で少ない(図37)。標語無24時間型は3か月程度使用された(図38)。標語有は1年半の使用期間がある(図39)。

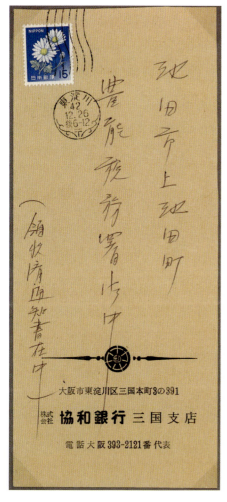

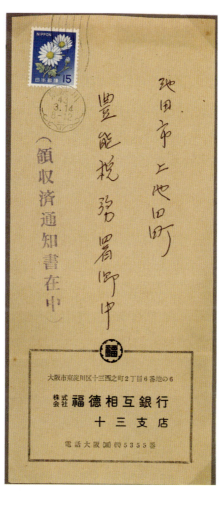

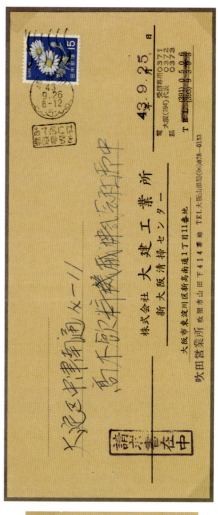

図37 東淀川Ⅰ期 42.12.26

図38 東淀川Ⅱ期 43.3.14

図39 東淀川Ⅲ期 43.9.26

台切手別の状況

　日立型機械印は、15円新旧菊、7円新旧金魚上にみられる消印である。他の切手ではどうであろうか。同時期、普通切手同様に流通した郵番1次2次などにはそれなりに入手機会がある。それら以外は極端に入手機会が減る。

　リーフに各局の使用済を示す(図40)。標語無は波部が長いため、切手上にデートサークルが乗る例は希少である。使用期間の短かった標語無戦後型を始め、標語無24時間型、標語有24時間型がきっちり揃っているのは圧巻である。

　次いで書状・葉書額面以外への日立型(図41)。いずれも各切手の消印収集において横綱の位置を占める存在だといえる。20円金色堂の東淀川消。定形重量便由来か。25円旧アジサイの本郷消。定形外を日立製書状押印機が処理できたとは思えず、おそらくペアでの速達由来だったのではないか。50円赤仏像の千葉消。同局は葉書専用機としてこの押印機を使用していたと思われ、速達葉書由来と思われる。65円新馬の東淀川消。速達書状由来と思われる。

　次に示すのは、記念特殊切手上の日立型機械印である(図42)。郵番宣伝などの小型記念以外は、狙って見つけ出せるものではなく、いずれも難しい。印面面積の大きい趣味週間切手は、日立型の特徴を印面内に収めており、とても興味深い。

日立型機械印

書状基本・葉書料金以外額面の日立型

重量便由来

定形重量便
浦和
42.12.14 後0-6

定形外
東淀川
42.12.24 後0-6

速達由来

速達料金加貼
千葉
44.6.25 18-24

速達書状
尼崎
44.5.11 12-18

速達書状
本郷
42.12.23 後6-12

図41 日立型　書状・葉書額面以外の使用済

すだれやさんの現行消印コレクション

日立型機械印

I期
標語無戦後型

浦和	本郷	尼崎	東淀川
42.12.14 後0-6	42.11.30 後6-12	42.12.27 後6-12	42.12.24 後0-6

千葉
43.3.18 後0-6

II期
標語無24時間型

浦和	本郷	千葉	東淀川	尼崎
43.2.27 8-12	43.3.1 18-24	43.5.3 12-18	43.3.1 8-12	43.2.14 8-12

III期
標語有24時間型

浦和	千葉	本郷	尼崎	東淀川
43.11.27 0-8	44.6.26 12-18	43.7.23 18-24	43.11.26 18-24	44.8.10 18-24

尼崎	尼崎
43.12.28 前8-12	45.1.1 年賀

すだれやさんの現行消印コレクション

図40 日立型5局　各局の使用済

日立型機械印

記念特殊切手上の日立型

本郷
43.3.5 12-18

尼崎
43.11.9 12-18

浦和
43.11.2 8-12

本郷
42.11.25 後0-6

本郷
43.7.28 18-24

東淀川
43. 2.8 18-24

東淀川
43.5.25 18-24

尼崎
43.12.4 12-18

尼崎
44.4.25 前8-12

尼崎
44.7.8 前8-12

尼崎
43.4.22

東淀川
44.3.27 18-24

すだれやさんの現行消印コレクション

図42 日立型　記念特殊切手の使用済

日立型をめぐる「謎」

日立型機械印には、いくつかの謎がある。それを紹介して、本稿を締めくくりたい。

①「1」のセリフ

日立型機械印の特徴として「1」のセリフが認識されている。実際は、標語無タイプでは当てはまるが標語有タイプはほぼ当てはまらない。生前、丸島一廣氏から筆者は、こんなことを教わった。

「「1」のセリフは日立の特徴ではない。モリコー製作所の特徴だ」

モリコー製作所は郵便用機械を戦前から製造してきたメーカーで、試作機の日付印も同社で作られることが多かった。日立型機械印の場合、標語無はモリコーが印顆を製作した。標語有はおそらく日立が作ったものだ、と。確かに、モリコーが試作した押印機は、試作卓上押印機、M6型書状押印機、G3型書状押印機とも「1」にセリフがある。そして、標語無/有であまりに違い過ぎる印影のシャープさ加減。機会があれば、この説を直接モリコー製作所に確かめてみたいと思う。

②戦後型の存在

日立型は昭和42年から試用が始まっている。櫛型印、唐草印の時刻表示は、昭和40年5月より「前後」の付かない24時間型に切り替えが始まり、日立型に「前後」の付く戦後型が使用されたのは、実は奇妙な話である。おそらく昭和30年代に開発が進められたため、戦後型で印顆が用意されたものと思う。そして押印機配備後すぐに、正規な24時間型が配備されたのではないだろうか。

参考文献

ボルドー13号「日立型機械印再考」

郵趣2010年9-10月「現行消印解体書」日立型機械印

図版引用・協力

図4 現行押印機の状況と使用局一覧 昭和52年 丸島一廣氏

図8 柏木崇人氏

図9 ボルドー13号

異形の日立型機械印

コレクション　鈴木盛雄　解説　久野 徹

　本書用に日立型の記事を書いたのが3月。その中で、尼崎局の印影に、大宮日立IV期に似た短波の標語無戦後型が存在していることを発表、「尼崎 短波標語無」と命名した。その後、2か月間のリサーチで判明した「短波標語無」の続報をまとめた。

　さらに、盛雄さんのコレクションに1点、日立型機械印で素性のわからない異形印が存在している。本稿では、このふたつの籍の定まらない、新奇な形態の日立型機械印について紹介したい。

尼崎局の「短波標語無」

　前稿で尼崎標語無には、日立型標語無の標準波長29㎜に対し、23mmの短いものが存在すると紹介した。リサーチの範囲としては狭いのだが、ヤフオクで画像が追える範囲(落札者有 過去8か月分)の出品物にて、調査を実施した。その結果、つぎのことが分かった。

- 盛雄さんのコレクションに入っていた、尼崎税務署差立て・住所不明戻り葉書には、一定量の兄弟が存在する(これまでに4例確認)。いずれも月活字が浮いて読めない〜読みづらい状態だが、1点月活字が読めるものがあり、データは43.5.2と考えられる。
- 書状使用を1点確認、データは43.3.15(以上、図1)。

　以上より、尼崎局の「短波標語無」は少なくとも、昭和43年3月中旬〜5月初旬に使用されたことがわかる。通常の長波標語無とどう使い分けられたのか、存在率はどの程度なのか、とても気になるところである。

図1 尼崎の「短波標語無」(左側より)
1枚目　29㎜の通常の長波標語無印
2枚目　短波標語無 尼崎 43.-.2 18-24(盛雄さん蔵)
3枚目　短波標語無 尼崎 43.-.2 18-24(盛雄さん蔵)
4枚目　短波標語無 尼崎 43.-.2 18-24　ヤフオク o1124693695
5枚目　短波標語無 尼崎 43.5.2 18-24　ヤフオク g1128998938
6枚目　短波標語無 尼崎 43.3.15 12-18　ヤフオク p1113599467

東淀川局の「短波標語無」

　前稿で、「短波標語無」の他局での使用可能性について言及した。調査の結果、東淀川局に波長26.5mmのやや短いものが存在することがわかった。大宮、尼崎とも異なる短波標語無である。通常の日立型標語無の波部長は29mm、それに対し小型押印機等の和文機械印の波部長は26mm。長すぎる日立型標語無の波部を、小型押印機並みの長さに変えようとしたものなのだろうか。

　確認できたデータは、43.3.1、43.4.5である。ただしこの期間、「短波標語無」が使い続けられたわけではなく、途中で通常の29mm印が使われたりもしている(以上、図2)。

図2 東淀川の「短波標語無」(左側より)
　1枚目　29mmの通常の長波標語無印
　2枚目　短波標語無 東淀川 43.-.2 18-24(盛雄さん蔵) 26.5mm
　3枚目　短波標語無 東淀川 43.-.2 18-24(盛雄さん蔵)
　4枚目　短波標語無 尼崎 43.-.2 18-24(盛雄さん蔵) 23mm
　5枚目　大宮IV期 43.11.28 後0-6(盛雄さん蔵) 21mm

「短波標語無」の位置づけ

　尼崎、東淀川と、複数の局で「短波標語無」の存在が確認された。和文機械印は昭和43年6月より、下部に郵便番号標語の入ったタイプに切り替えられる。日立型機械印も同様の切り替えが行われるが、その切り替え直前にわざわざ波長の異なるタイプを用意していることから、「短波標語無」は何らかの意図で日立製試作書状押印機に用意された印であることが確定的になった。

　希少度はどの程度のものなのか。他局へのさらなる展開はあるのか。ぜひ、皆さんにもこの新しい発見のデータ追補にご協力いただきたい。近い将来、籍を与えられるだろうし、何らかの評価も定まってゆくだろう。

　使用例上でないと区別が難しいのがやっかいだが、波部と貼付切手を比べて、15円菊など普通切手の上下辺に対し、僅かにしかはみ出ていないものは「短波標語無」、長くはみ出しているものは通常の長波標語無だと判断できる。

東淀川局の大晦日印

　盛雄さんの日立型コレクションで、最大の異形印は東淀川局 昭和44年12月31日印である(図3)。波部が普通の和文機械印標語有のようでありながら、印の左脇に日立特有の横送りスリップがあり、また月、日、時刻活字にセリフがある。

　葉書に生乾き貼付の状態で消印されたのか、切手上の印と、葉書上の印にズレがある。しかし切手上の印をクローズアップしても(図4)、「なんやこれ」感は拭えない。他に同類を見たことがない形状の、日立型標語有の存在を示す一枚といえる。

　東淀川局で昭和44年末に使用された日立型と言えば、昭和45年年賀印が挙げられる。年賀印の時期、あの年賀印が使われたのち、この波の蛇行の大人しい日立型標語有が使われたのだろうか。同類のアイテムをお持ちの方のご報告を、切望する次第である。

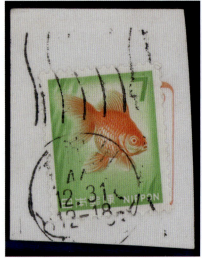

図3 東淀川の異形の大晦日印 44.12.31.12-18

図4 (図3の切手上拡大図)

モリコー卓上機械印

解説　鈴木 盛雄

　この機械印に出会ったのは、昭和50年頃で、4円貝に国立40.5.15を見つけました。当時、日立型機械印を入手するために購入していたキリスト10年前ボックスを見ている中で見つけました。

　数字「1」が日立型に特有の丸みを帯びており、セリフもある為、初見では日立型機械印と思いました。とはいえ、日立型の使用例は昭和42年からで、かつ国立局には配備されていません。よくわからないまま、ストックブックで数年お蔵入りでした。当時はこの機械印の事は知られていませんでした。

　昭和30年代に郵政省は、郵便量の増加に対応して中小規模の郵便局に小型の自動捺印機械を設置することとし、その試作品をモリコー製作所に発注しました。昭和30年3月25日に、電動機2台（東京・国立・愛知・古知野）と、手動機2台（東京・清瀬、三重・白子）が試行配備されました。この内、電動機が正式発注となり、同年末より順次導入されました。従って、試作品の使用は昭和30年のみで、12月以降は正式配備機が使用されました。ただ試作品の活字は正式配備機と同規格だった為、昭和31年以降も組み換えながら昭和60年代まで使用されました。活字がモリコーと普通機械印との混合印も多くみられます。

　局名・普通局への昇格が以下のようになっています。

東京・国立	昭和32年11月16日	普通局に昇格→国立
東京・清瀬	昭和41年11月1日	普通局に昇格→清瀬
三重・白子	昭和32年11月5日	普通局に昇格→白子
愛知・古知野	昭和30年6月1日	愛知・江南に局名変更
	昭和33年4月1日	普通局に昇格→江南

　モリコー卓上機械印は、はがき専用の捺印機械の消印です。従って、はがき額面の切手に捺印されることが大半です。この時期は年賀はがきも機械印で捺印していますので、年賀はがきであれば集めやすいと思います。郵便局別の取り扱量は、国立 ＞ 清瀬 ＞ 江南 ＞ 白子です。

　国立が多いです。年賀はがきに消印するのが主な目的で、初年度31年のもの4局揃えています。それと4局の使用例です。最後はカバー類です。なるべく切手の貼った物を並べてみました。

　はがき額面以外はいずれも珍しいです。江南の昭和35年使用の10円縦ペアは、一体、何に使われたのでしょう？

　愛知・古知野は使用期間2ヶ月で3〜4通しか確認していません。使用例がオークションに出品された時に、高名なKさんと競り合ったのが懐かしいです。あの時点でモリコーに収集家がいるとは思いもよりませんでした。

　試作品の配備された4局の内、東京・清瀬30.5.6はかなり早い使用例です。単片でも良いので、もう少し早い時期が欲しいのですが、このぐらいが限界でしょうか。

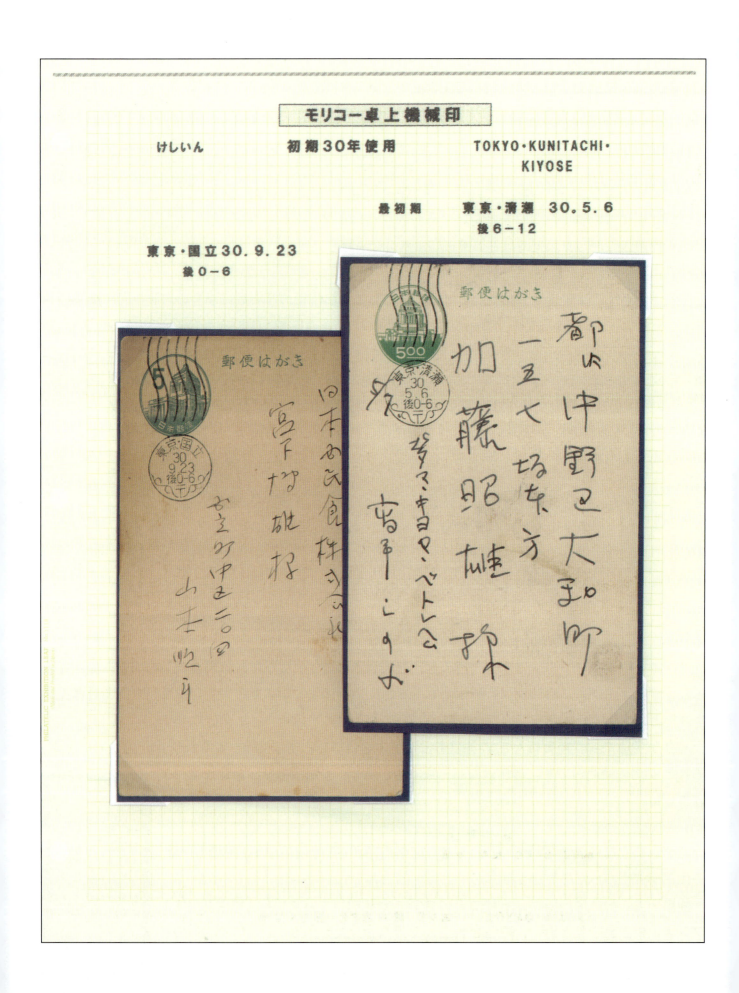

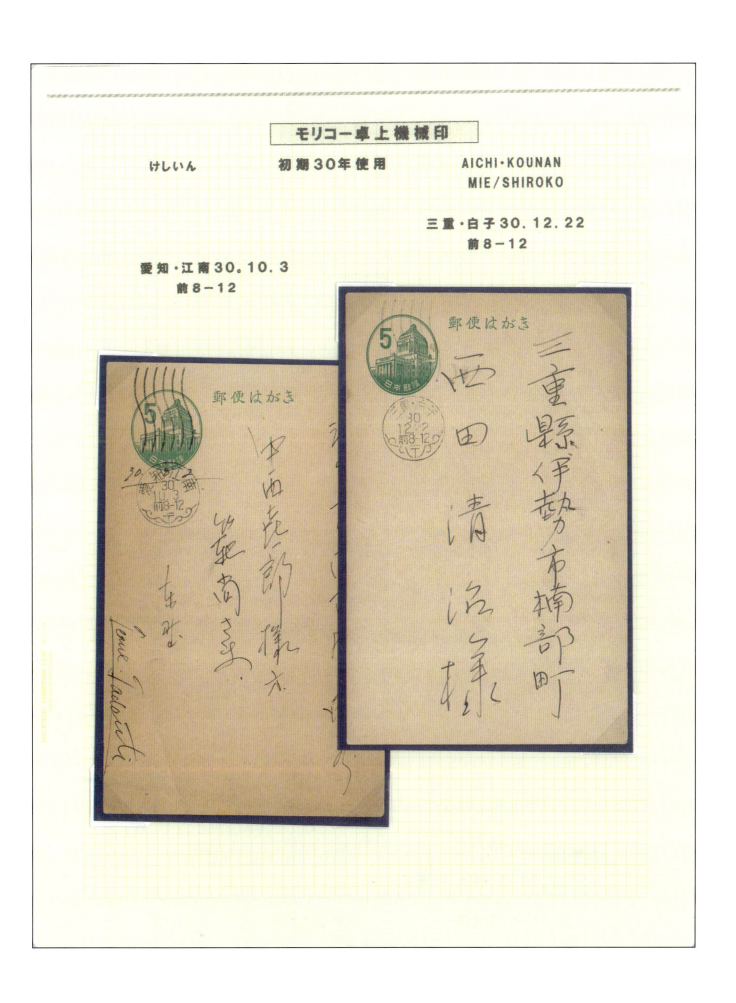

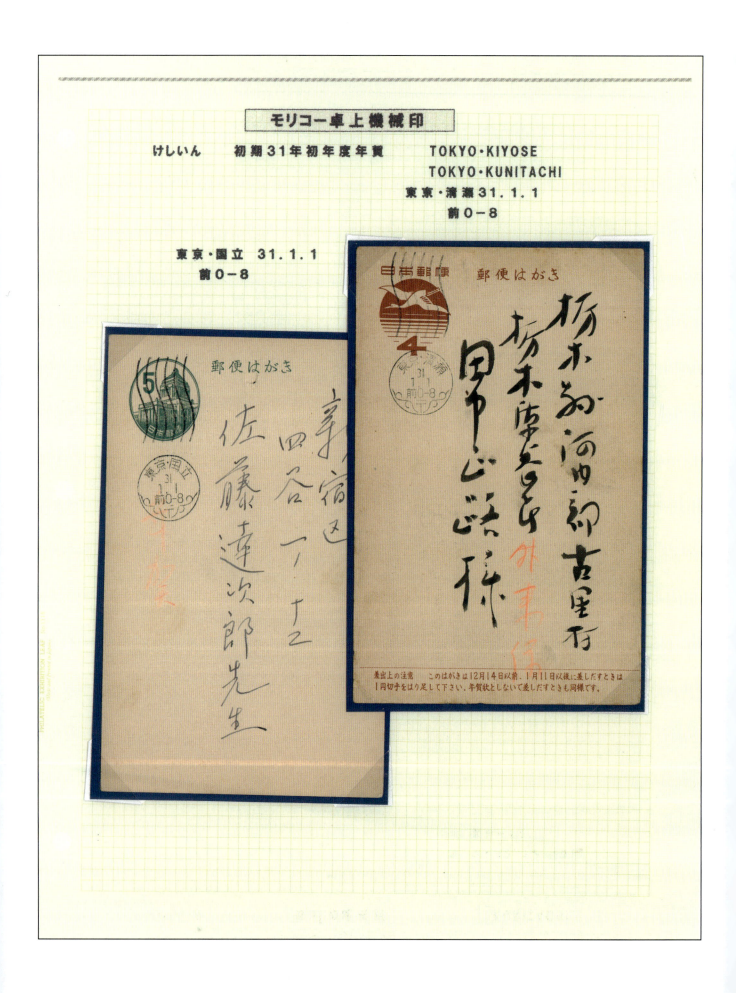

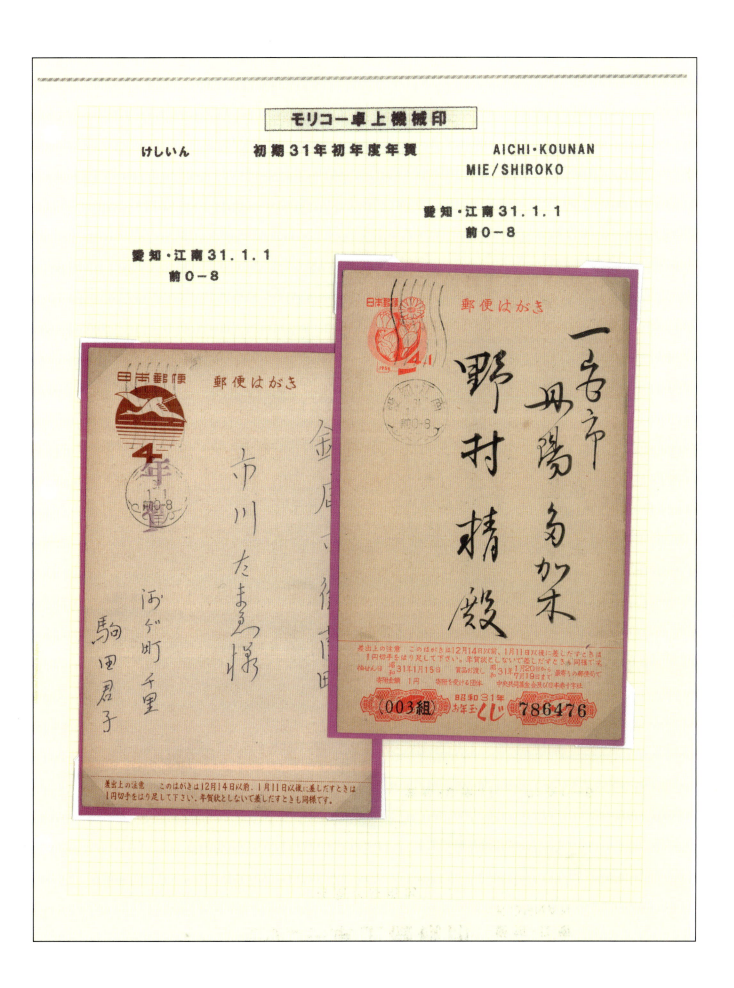

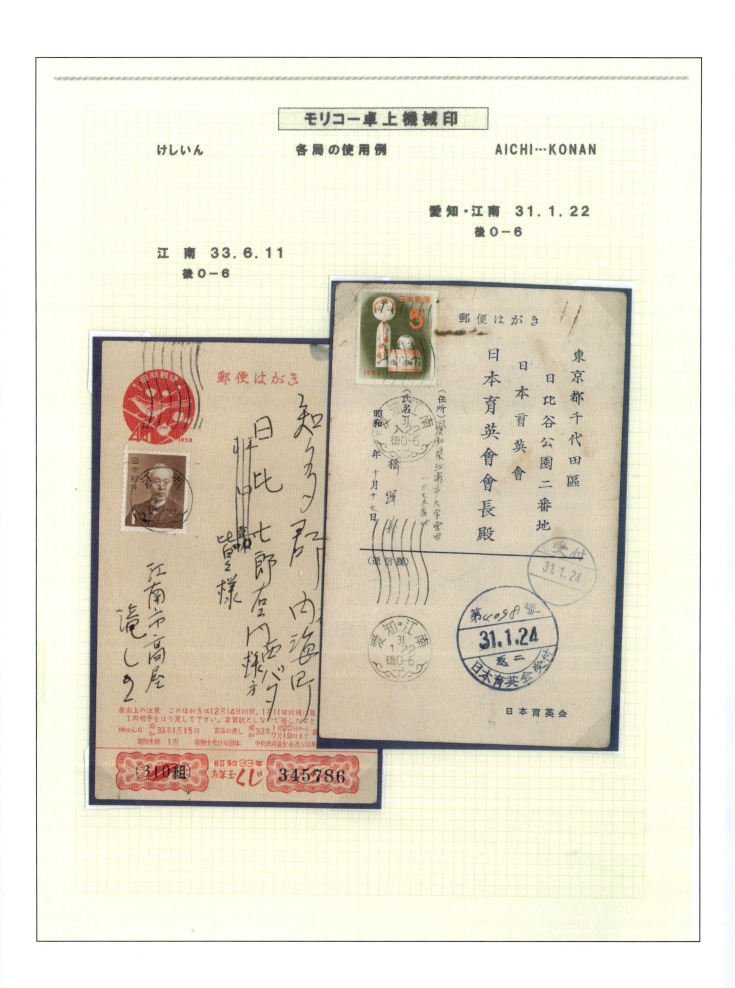

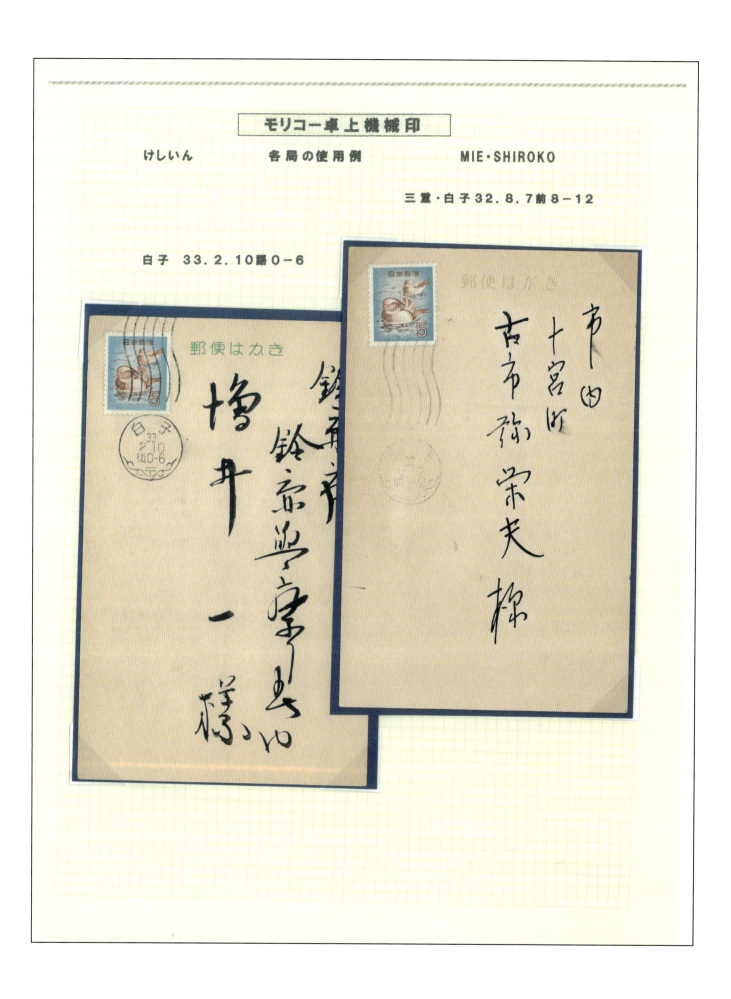

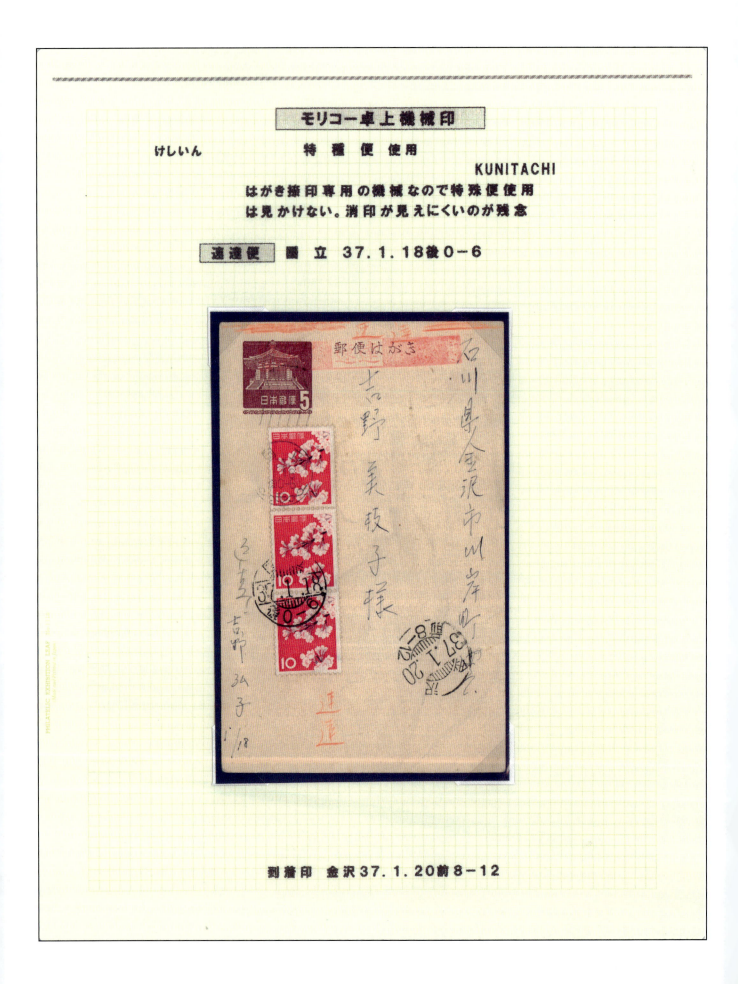

モリコー卓上機械印

けしいん　　　特殊便使用

KUNITACHI

はがき捺印専用の機械なので特殊便使用
は見かけない。消印が見えにくいのが残念

速達便　国立 37.1.18 後 0-6

到着印 金沢 37.1.20 前 8-12

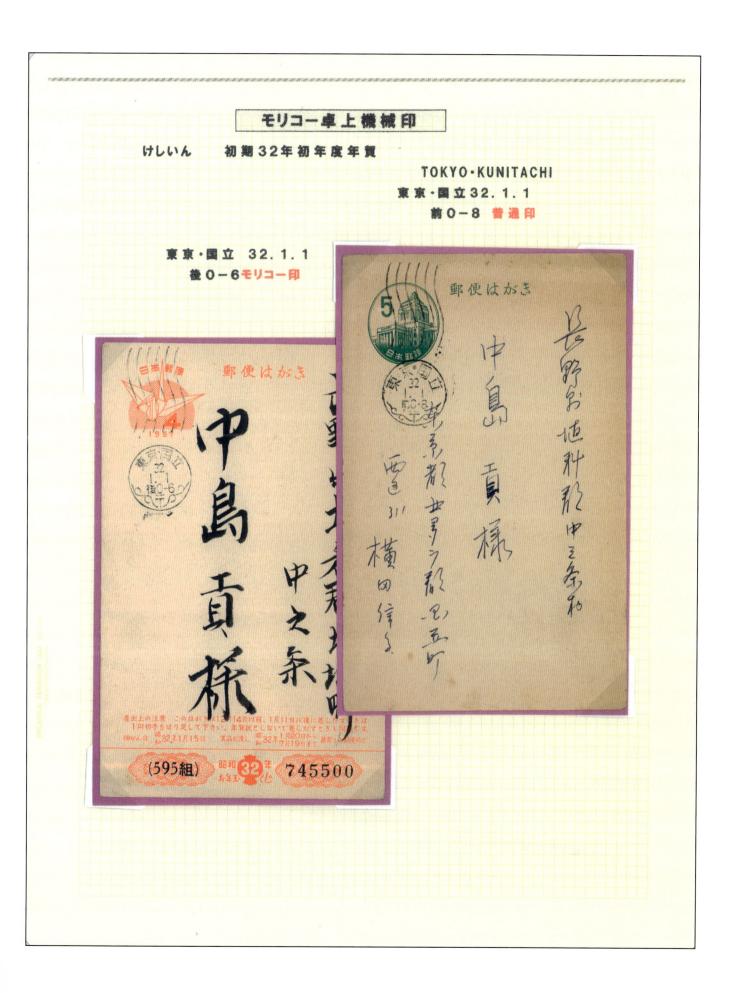

昭和60年台のモリコー社の試作機械印

解説　鈴木　盛雄

　モリコー社は、昭和60年代にM6型、G3型と呼ばれる2種類の試作機械印押印機を郵政省に納めています。この内、G3型は正式配備に至りました。

M6型機械印

　1984年(昭和59年)3月頃、モリコー社が製作した和欧文機械印の押印機の試用が開始されました。局名と日付部分をの捺印を分けて行う独特のタイプで、配備局は麹町・蕨・横浜港の3局だけでした。麹町局だけは1990年（平成2年）まで使用しましたが、残りの2局は1985年（昭和60年）に使用を中止しました。
　なお麹町局は、昭和61年以降、年賀郵便特別取扱時期に同機械に唐草年賀印を入れて使用した他、唐草選挙印も同機械に入れて使用したことが確認されています。

G3型機械印

　M6型機械印同様に、モリコー社により制作された押印機で、1988年（昭和63年）から3年ほど試用されました。M6型と異なり、消印分には唐草機械印が使われていたため、年賀印も使用されています。
　G3型機械印の試用状況は芳しかったのでしょう。試用開始から間もない1988年（昭和63年）8月には、正式配備が発表されました。私は1次配備局16局全局[1]に郵頼をしてみました。モリコーなのでセリフのついた特徴のある消印が帰ってくるだろうと思っていましたが、普通のN6型に使われている活字と変わら図、平凡な唐草印の印影で戻ってきたのは、期待外れでした。

[1] G3型の第一次正式配備局（16局）
音更・角田・茨木久慈浜・岩城・千葉富里・中野北・丸岡・富岡・東浦・和田山・豊栄・島根庄原・岩出・伊予・大分由布院・具志川

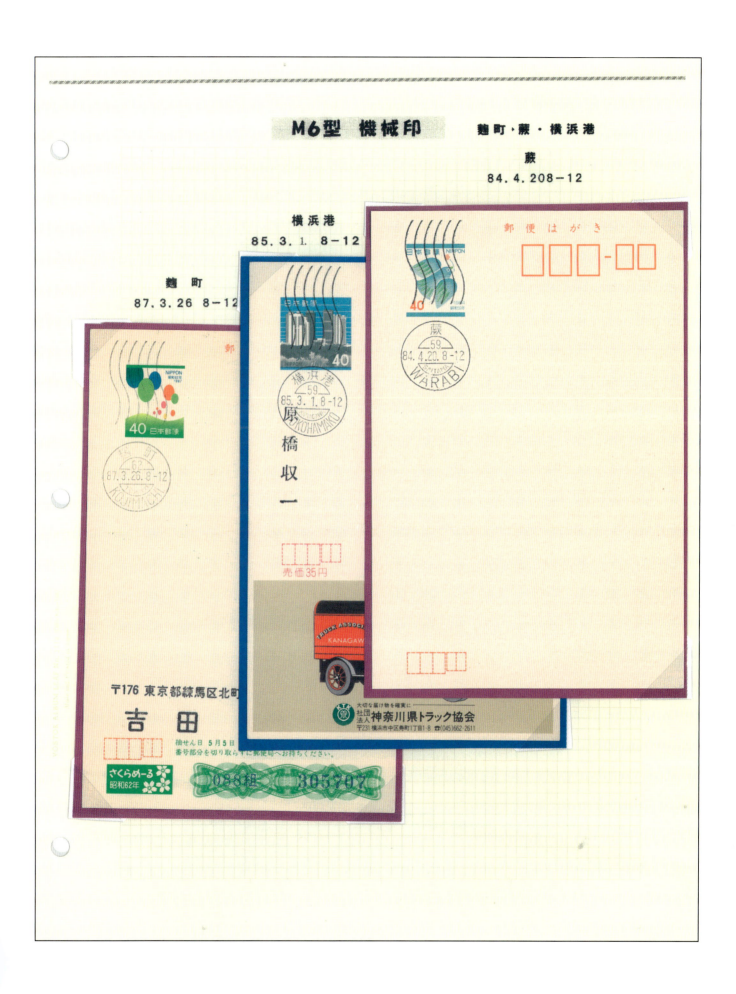

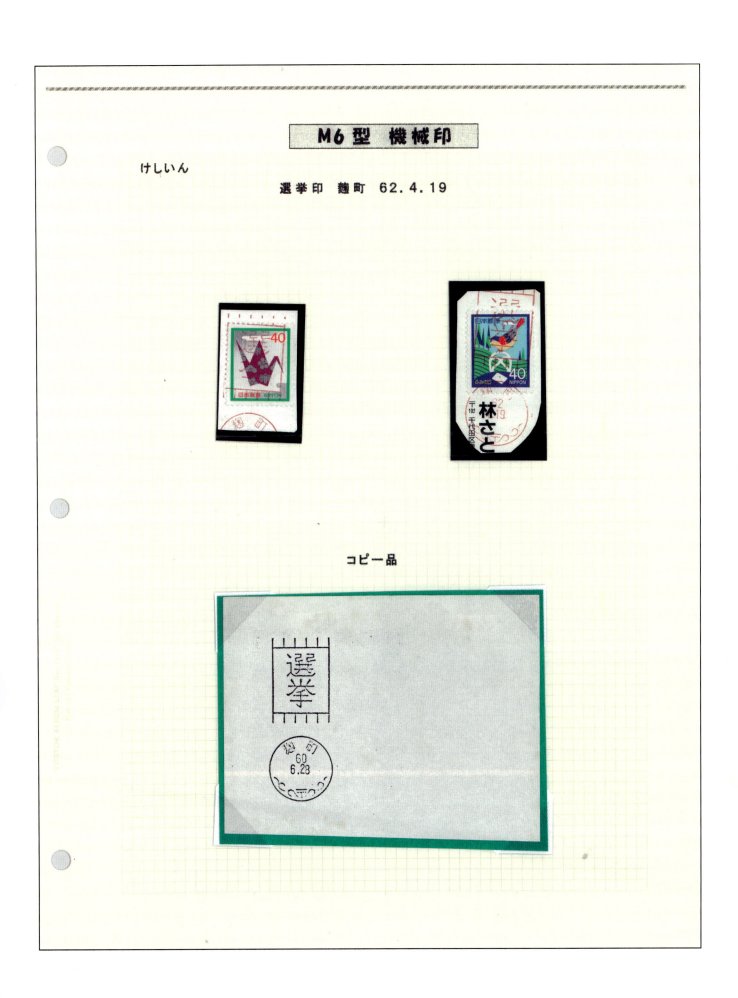

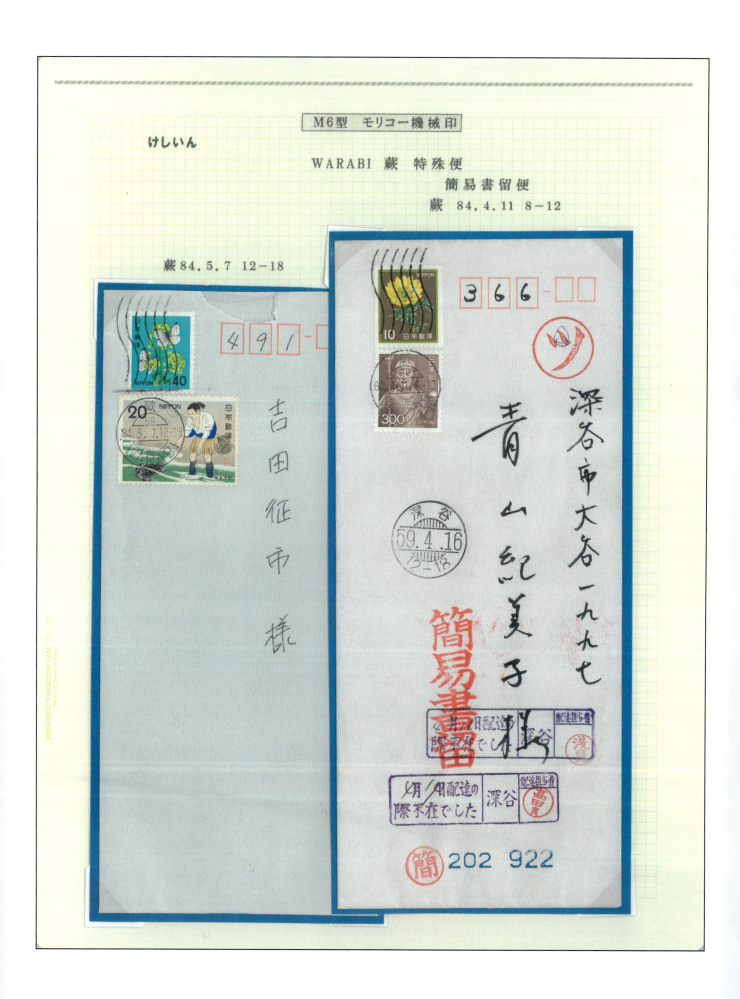

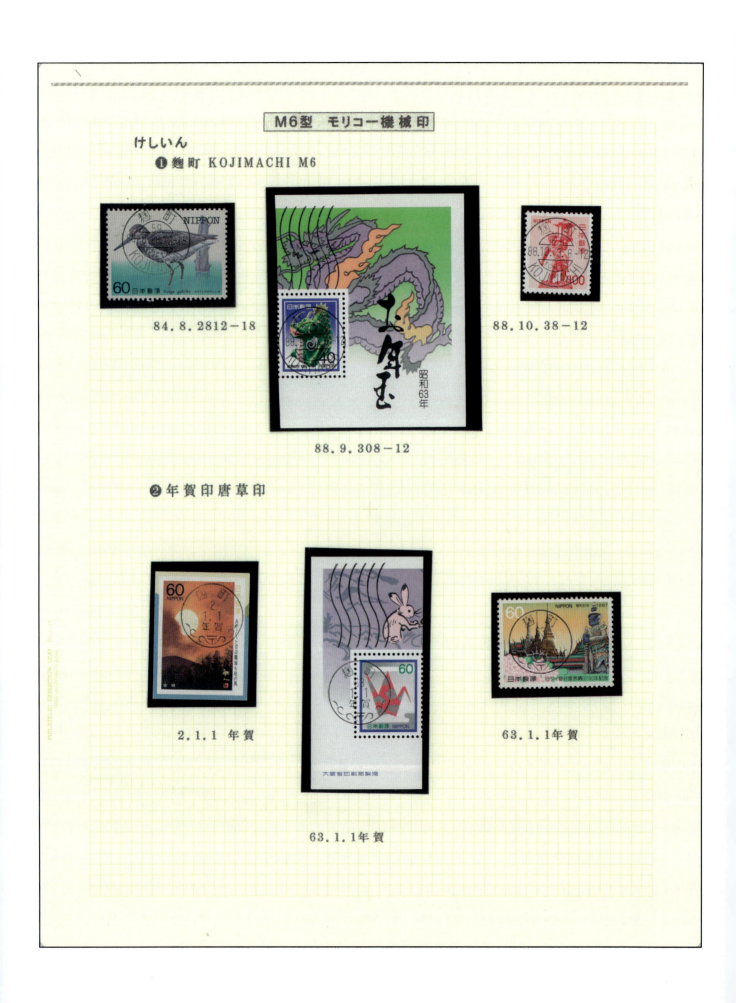

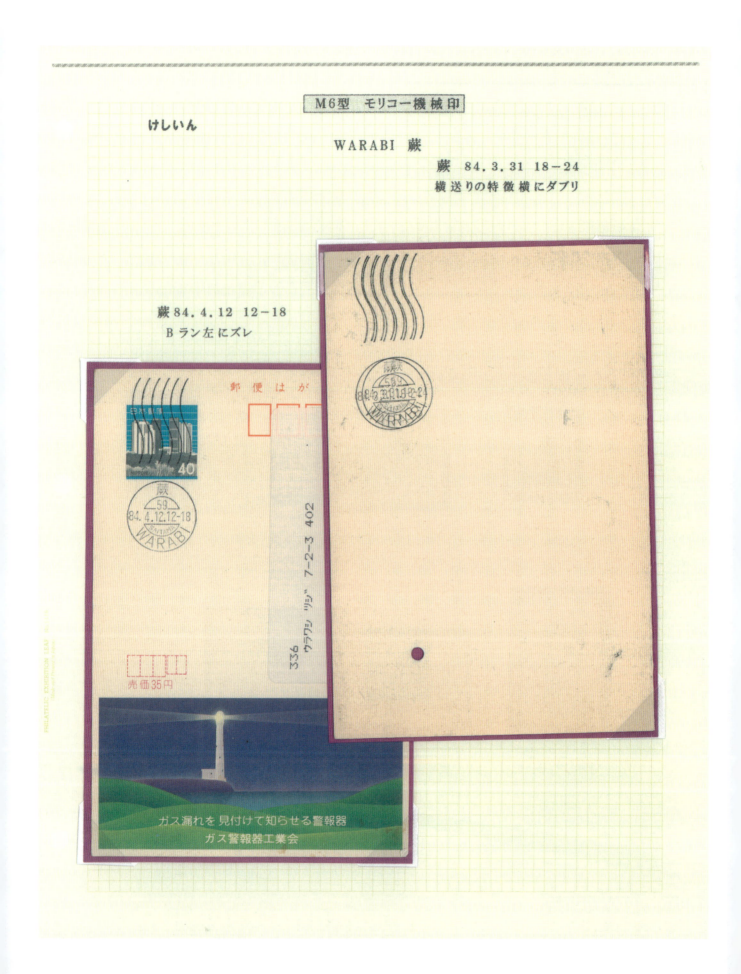

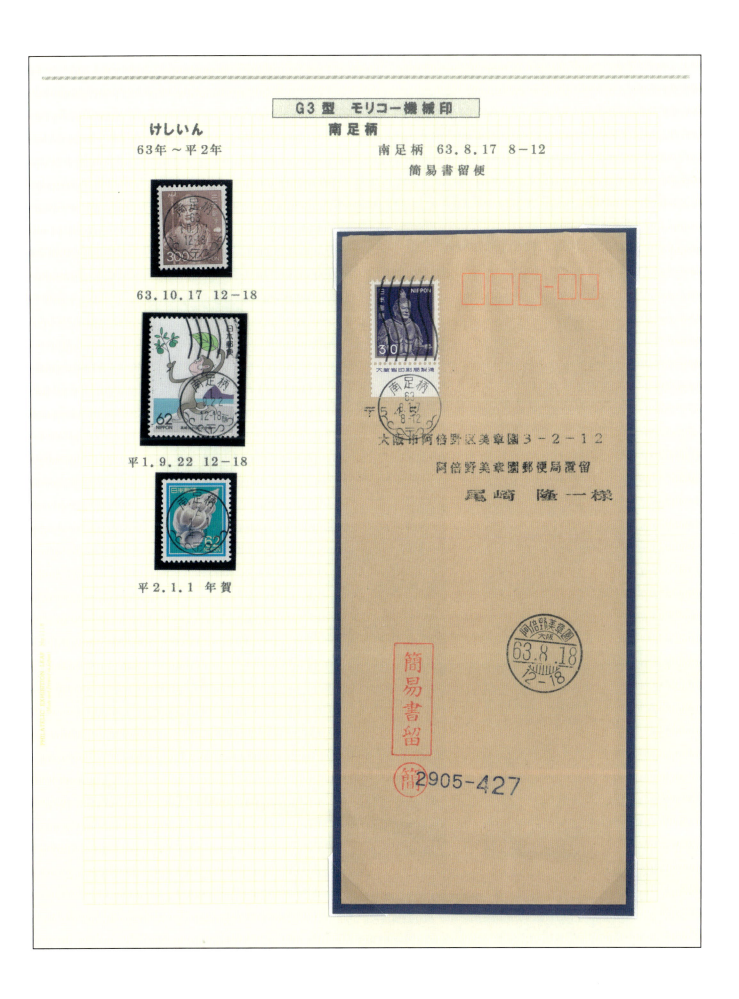

選挙印

解説　鈴木　盛雄

　紙付ミクスチャーを調べている時に目について嬉しい一つが選挙印です、ほとんどがとび色と言われる赤色で、大概が40円菜の花に蝶、次いで20円松でしょうか。

　『選挙ハガキ』と言うくらいですから、その時代のハガキ料金の切手が貼られるわけで、5円おしどりから始まって7円旧金魚・7円新金魚・10円鹿と続き 20円松・30円椿 40円蝶・40円バイ貝・40円慶事・41円ひおうぎ貝・41円おしどり・41円慶事・50円鳥・50円印字とあります。

　記念切手が貼られたものが見つかるとすごくうれしくなります。そもそも、ほとんどが別納で本来無料なのですから、切手貼りが珍しいのは当然のことです。政党が出す規定数以上のハガキに限って有料になる？そんな話を何処かで聞いて覚えています。自分宛てに出してくれれば必ず投票するのにね、一寸不謹慎ですが。

　この印に限って非常に管理が厳しく記念捺印はしてくれないです（建て前では）、ただやはり例外があるようで記念捺印もあります、多くは機械印ですが櫛型印も九州の局で押されたものもありますし、東京近辺の島でも記念捺印可の時期がありました。
　本来は、やはり実のハガキを集めるのが良いのでしょうが自分で勝手に作れませんから少ない物は相当な高値になります、30円椿、40円バイ・41円おしどり等です。

　選挙印は2種類に分かれ、機械印と手押し印です。機械印の配備されている集配局に持ち込まれると機械印にかけられます。とび色は有料、黒色は無料になっています。今の日付部は丸型でその前は唐草でした。年号と日付が入り時刻は入れません。年号のみの物もあります。日付は選挙の公示日ですので、切手の発売日より前の日付になる場合もあります。
　機械印の配備されていない局では手押し丸型印をを使います。やはり公示日の日付で押されます。全ての時期で機械印よりも手押し印が少なく、特に使用期間の短い30円椿と41円おしどり（平5年3月16日の選挙法等の改正で1時期選挙ハガキ全て無料になった、のちに有料に戻る、）40円バイ貝貼りの櫛型選挙印の押されたハガキは極めて少ないです。特に手押丸型で押されたハガキは驚くほど高値になっていますが、オンピースでは幸い入手に時間が掛かっても高出費にはならないです。
　オンピースで集める場合は、紙付のボックスが一番の供給元ですが、記念切手貼は国体・小型の郵番切手・年賀切手・各種イベントなど、有権者の支持を得るために可愛らしい切手・綺麗な切手が多いです。最近はふるさと切手も良く見かけます。
　複数の切手を貼った物もあるのに驚きます、消印のバラエテイが少ない分使用ミスを探すのも面白く、一般便への誤捺印や、逆に選挙ハガキへの普通印の捺印など、集め始めると色々なエラー使用が見つかります。一応押し間違いですから消印を隠す為の色々な押し方で、鑑賞に耐えないものもありますが、大概裏が茶封筒なのでわかります。消印のリーフは地味になりがちですが、選挙印だけは華やかになります。とにかく多くの種類を集めて下さい！オンピースならそれほどの出費は無いです。平成になるとかなり記念・特殊切手を使う候補者が増えたようでリーフが花盛りになりますが、エンタイヤは何時の時代も入手難です。出たとこ勝負ですかね。

選挙印

けしいん　　　管理の厳しい選挙印ですが人のやる事ですから
　　　　　　　探してみるとハガキ額面しかないはずですが・・・・

60円 C1182　　　60円 C949　　　62円 492

穂高 62.4.22　　　　　　　　　厳原 2.4.-

60円 465　　　62円 C1329　　　62円 519

80円 C1877　　　80円 522　　　40円×2 480

福岡・築城　　　岩手・位深内　　　大分中央

選挙印　　訂正の仕方

けしいん　1ヵ所捺印

7円 401　　80円 522　　80円 C1709　　80円 R196

2か所捺印

60円＋20円　　80円 522　　80円 C465　　80円 C1708
丸型2個　　　　丸型2個　　丸型＋機械　　丸型＋機械

これは？何　日付けが上　　速達の選挙印　　くし型選挙印2個

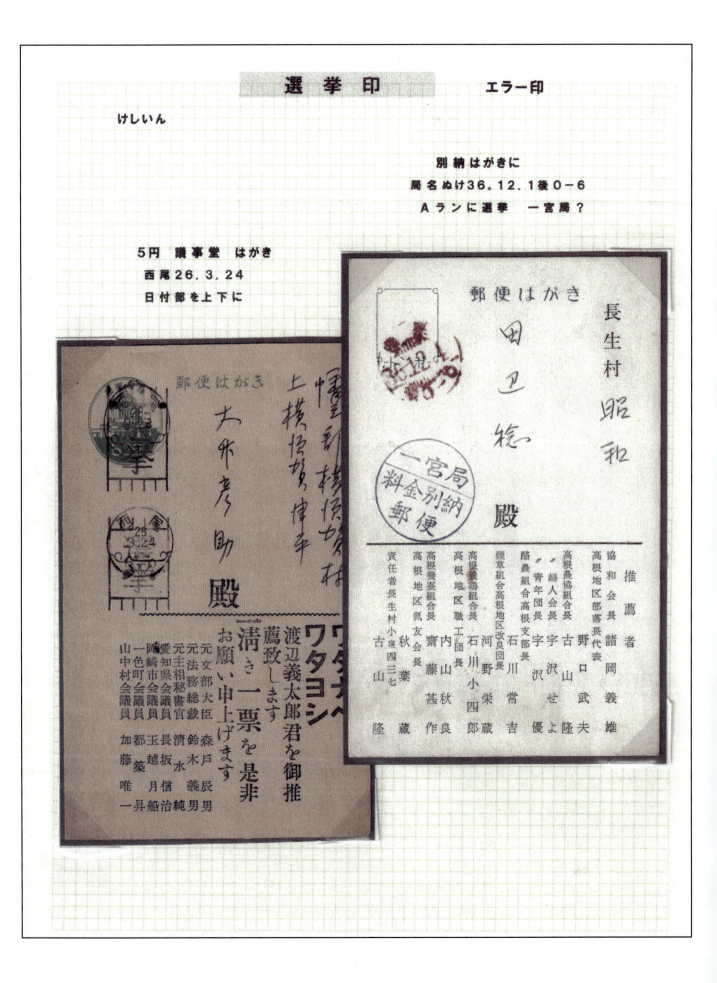

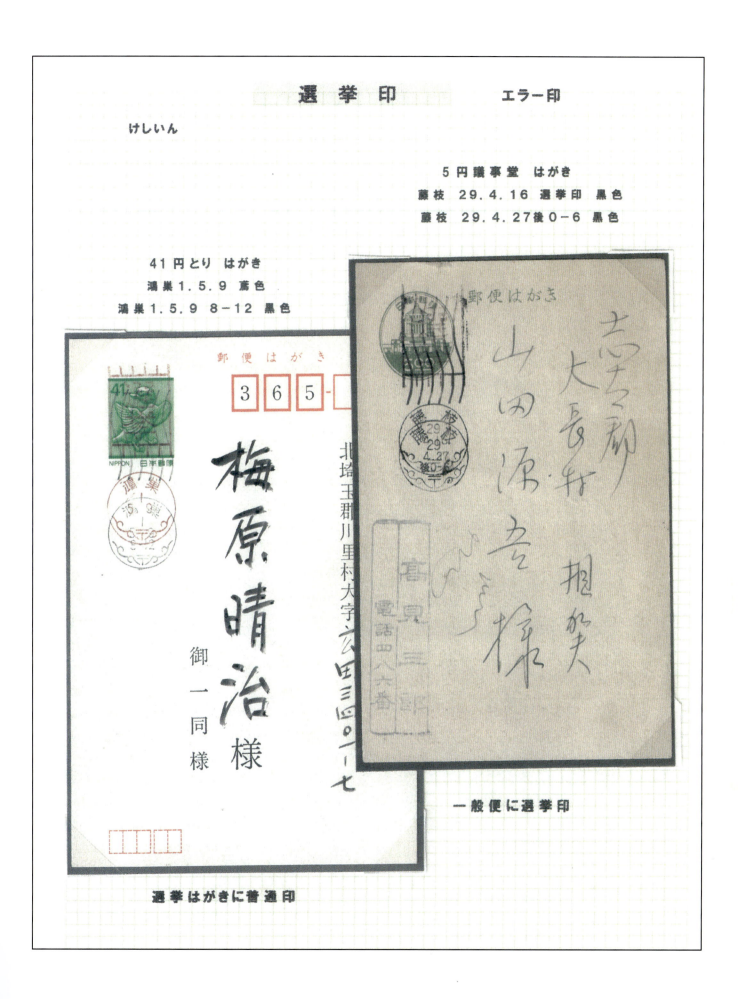

選挙印

けしいん　　　　　　葉書料金41円時代

41円　慶事つる　鳶色
東京・深川　3.4.14

35円＋6円　いか＋南天　鳶色
越谷　3.4.14

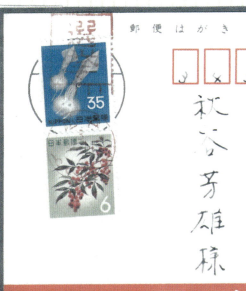

選挙印

けしいん　　　　　　　　葉書料金５２円時代

５２円　そめいよしの　鳶色
さいたま新都心　２６．１２．２

５２円　キティ　鳶色
さいたま新都心　２６．１２．２

選挙印　　62円料金

けしいん

62円

博多北　29.10.10
切手発売前日（公示日）

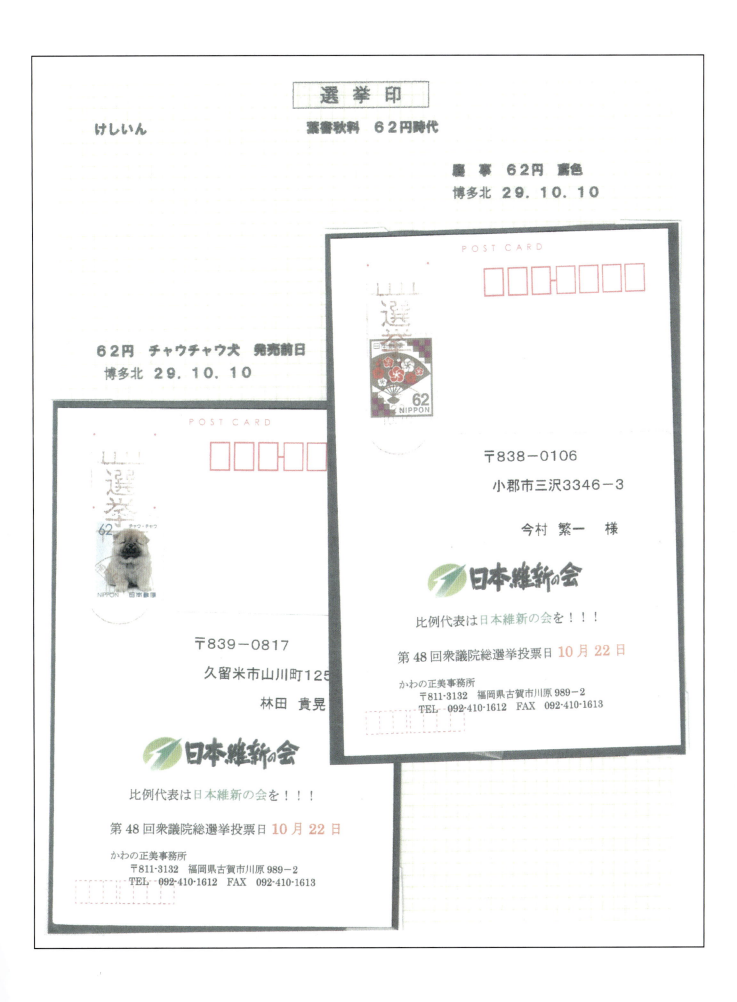

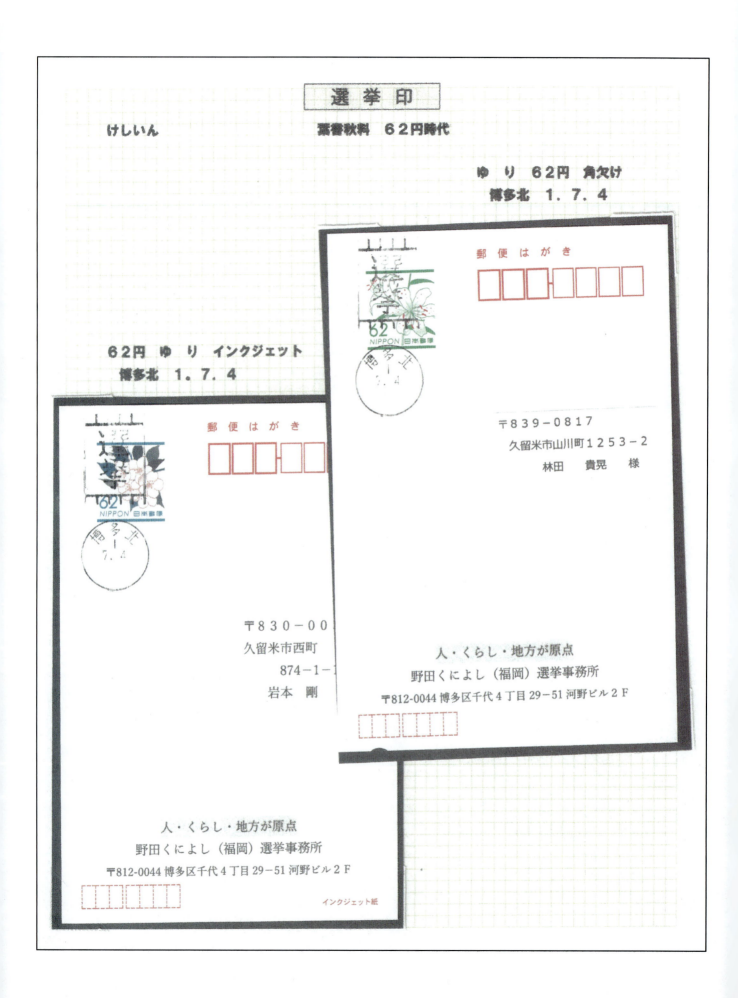

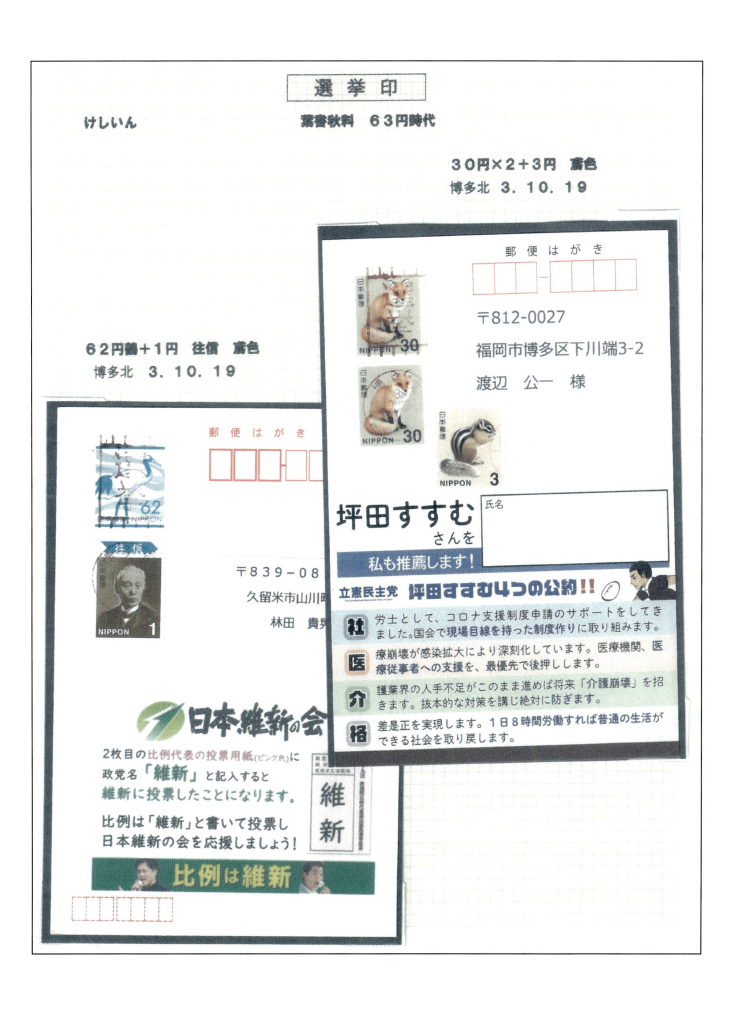

第2部

欧文印・ローラー印・戦後型

D欄櫛入り三日月印

コレクション　鈴木盛雄　解説　久野 徹

今回紹介するD欄櫛入り三日月印は、欧文三日月印のD欄に何故か櫛の入った印影で、一目でわかるエラー印である(図1)。このようなエラー印は、すぐに郵政や郵便局側が気付き、使用を取り止められることが多い。ところが、この消印は、昭和30年代後半から昭和40年代半ばに渡り、中国地方3局で継続使用され、立派な印群を形成している。しかもどの局も実例が少ない。

10円桜などの3次動植物国宝シリーズ、書状15円時期の新動植物国宝シリーズあたりの切手においては、コレクションに加えられれば華となる消印である。

図1 D欄櫛入り三日月印の例 (HIROSHIMANAKA)

D欄櫛入り三日月印は、どのようにして生まれたのか

この印が生まれた背景を、共通点の調査結果に基づいて説明したい。詳細は各局の項で解説するが、この3局の欧文三日月印には、以下の共通点が確認された。
- 昭和36、37年に
- 中国郵政局管内で
- 年の途中に追加製作された欧文三日月印
- 局名に県名を含み、D欄県名表示が必要ない

年の途中の追加製造印は、年ごとに一括製造される消印とは異なる業者に発注され、何らかの特徴が出ることがある。例えば中国地方で昭和33、35、36年に、局名文字数2、3文字の局で、局名表示が縦書きとなるローラー印が使用された。このルールに従うと、昭和33年の「広島局」のローラー印は縦書きの筈なのに、少量横書きのものが見つかっている(図2)。これは昭和33年11月1日に次の局名変更が行われ、年の途中にローラー印が追加製作されたことによる。

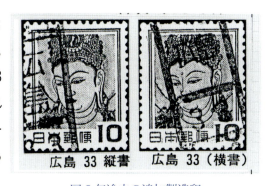

図2 年途中の追加製造印
広島局33年の横書きローラー印

　広島駅前局 → 広島局
　広島局　　 → 広島西局

集配局なので、旧広島局で10月31日23:59まで使用していた消印を、11月1日0:00から新広島局で使うことは出来ない。従って年の途中で、この改称に併せ新規に消印を発注することになる。その結果、ローラー印においては、一括製造先業者とは異なる業者に印顆発注が行われ、横書きのものが作られる結果となった。

本印もそのような性格の消印なのだ。

使用3局の詳細

　本印は、鳥取、広島中、岡山南局にて使用された。それぞれの使用確認データを表1に整理する。各局にはこの印を使用開始したトリガーとなる年の途中に消印を追加製作しなくてはならない事象がある。その事象の日付を仮想初日として付記した。

	仮想初日	確認期間
HIROSHIMANAKA	61.3.6	61.3.17(図3) - 67.10.17(図4)
TOTTORI	61.8.15	61.8.15 - 69.1.31(図10)
OKAYAMAMINAMI	62.3.26	62.11.24 - 64.3.18(図13)

広島中局

　広島西郵便局と言う普通集配局が今も機能している。この局のルーツは明治以来の中国地方の一大郵便拠点だった旧広島郵便局が改称した局で、広島市の中心部にあった。

　この広島西局が昭和36年3月6日に移転、その局舎に新設されたのが無集配普通局の広島中郵便局である。この新設の際に年途中の消印追加発注が行われ、最初のD欄櫛入り三日月印が製造されたと考えられる。従って、新設日の昭和36年3月6日が、広島中局の仮想初日となる。広島中局のD欄櫛入り三日月印はなかなか見つからない。それは、前述した通り、この局が無集配局だったことによるのだろう。

　実例を見てみよう。図3は、確認された最古データの1961（昭和36）年3月17日のカバー。仮想初日からに11日目、外信便に不慣れなのか、年月日活字が和文印の並びになっている点が興味深い。図4は最新データの1967（昭和42）年10月12日。都合6年間の使用があったことになる。

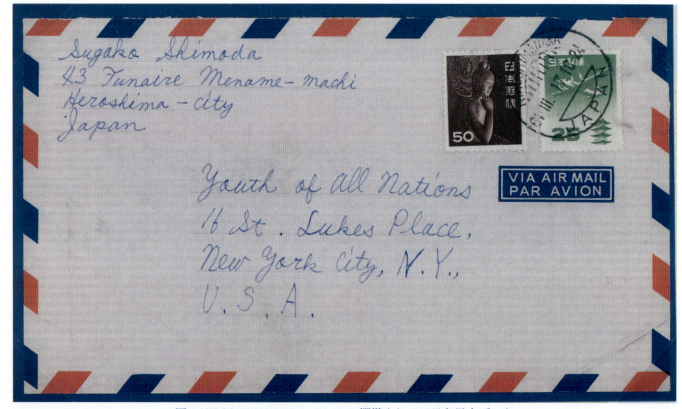

図3 HIROSHIMANAKA 61.III.17 D欄櫛入り三日月印最古データ

図 4 HIROSHIMANAKA 12.X.67 広島中局最新データ

　図5、6は単片上の印影。図7は飛天航空書簡上の印影。見事なショウピースである。
　図8は第一地帯(台湾)に宛てた航空葉書。少ない35円ホタルイカ単貼の航空葉書に、この消印の組み合わせ。至宝と呼ぶにふさわしい。

図 5 HIROSHIMANAKA
16.X.63

図 6 HIROSHIMANAKA
12.XI.66

図 7 HIROSHIMANAKA 10.II.62

図 8 HIROSHIMANAKA 25.VII.67 台湾宛航空葉書

鳥取

　鳥取局は、昭和36年8月15日発行の山陰海岸国定公園切手の初日指定局で、この初日印用に三日月印を新調した。その結果、年途中の消印追加発注が行われ、D欄櫛入り三日月印が生まれた。

　この局のD欄櫛入り三日月印最古データは本切手の初日カバーで、それ以前のものは見つかっていない (図9)。最新データは1969 (昭和44) 年1月31日で (図10)、都合8年間の使用があったことになる。

　鳥取局は県中心部にある普通集配局だが、この消印の実例はことのほか少ない。局の窓口で差し出された郵便物が多く、ポスト上がりのものには使われなかったようだ。図11は沖縄宛航空書状に本印が使用されたもの。なかなか得難い使用例と言える。

図9 TOTTORI 15.VIII.61 山陰海岸国定公園FDC

図10 TOTTORI 31.I.69 鳥取局最新データ

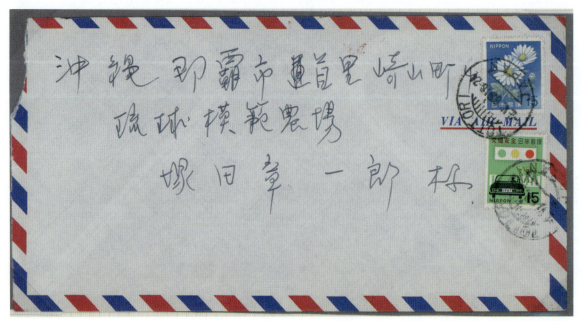

図11 TOTTORI 1.VI.67

岡山南

　岡山南局のD欄櫛入り三日月印は、確認数点の、現行消印の最難関である。

　昭和37年3月26日、岡山福島局という特定集配局が移転改称して生まれた局が岡山南局である。局種は改称後も特定集配局であった。その移転改称に際し、年途中の消印追加製造が行われ、岡山南のD欄櫛入り三日月印が生まれたと考えられる。昭和39年に普通集配局に変更された。

　この消印の実例を見てみよう。図12は、円位塔航空30円ペア上に押された、岡山南局のD欄櫛入り三日月印である。1962（昭和37）年11月24日消で、改称年のデータとなっている。図13は円覚寺30円ペアの貼られた通関原符由来のオンピースで、最新データの1964（昭和39）年3月18日のものである。岡山南のD欄櫛入り三日月印報告例は、これら2例に留まるのが現状である。

図12 OKAYAMAMINAMI 24.XI.62
岡山南局最古データ

図13 OKAYAMAMINAMI 10.III.64 岡山南局最新データ

岡山南の D 欄櫛入り三日月印が希少になった理由

　大阪西、静岡南のように、大都市の名前に東西南北がついた郵便局を耳にすると、我々収集家は勝手に、それなりの規模の郵便局だと想像してしまう。ところが岡山南局は特定集配局だった。

　さらに岡山南局には、歴史的な特徴があった。図 14 は現行屋には馴染みの深い児島湾締切堤防竣工記念切手である。この切手の発行年 (昭和 34 年) からわかる通り、児島湾は戦前〜昭和 30 年代半ばまで干拓による土地拡大、そしてこの堤防による児島湖の淡水化が行われた。図 15 に岡山南局の位置と干拓推移を示すが、この局のある 35 区は、昭和 25 年に干拓が完了した地域だった。そしてこの印が使われた昭和 37 年頃は、本局を含む一帯は工業施設建設が進んでいたが、周囲は未開発の状態であった (図 16 昭和 36 年の航空写真)。新興の干拓地に設置された特定集配局の欧文印。ここまで素性がわかれば、なぜこの消印が希少なのか自明となる。

図 14 児島湾締切堤防竣工記念切手　堤防のすぐ上が岡山南局

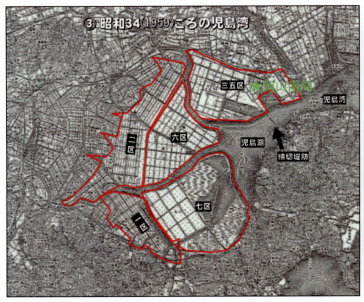
図 15 岡山南局の位置と干拓推移

図 16 岡山南局周囲の航空写真 (昭和 36 年)

　3 局の詳細を改めて振り返ると、冒頭に書いた中国郵政局管内で、「年の途中にて追加製作された三日月印」という共通点をお分かり頂けると思う。

　昭和 36、37 年に限って言うと、中国郵政局管内では、欧文印を年の途中に追加製作するケースはこの 3 局以外に確認されなかった。

　いろいろな偶然が重なり、このような派手なエラー印群がひっそりと使われ、そして後に現行切手の華となった。なんとも魅力的な存在ではないだろうか！

参考文献

　ボルドー 17 号「D 欄櫛入り三日月印」

図版引用・協力

　図 12 ボルドー 17 号
　図 13 SEVEN 250 号出品物
　図 15 児島湾干拓の歴史 (岡山県 HP)
　図 16 国土地理院航空写真 (MCG612)

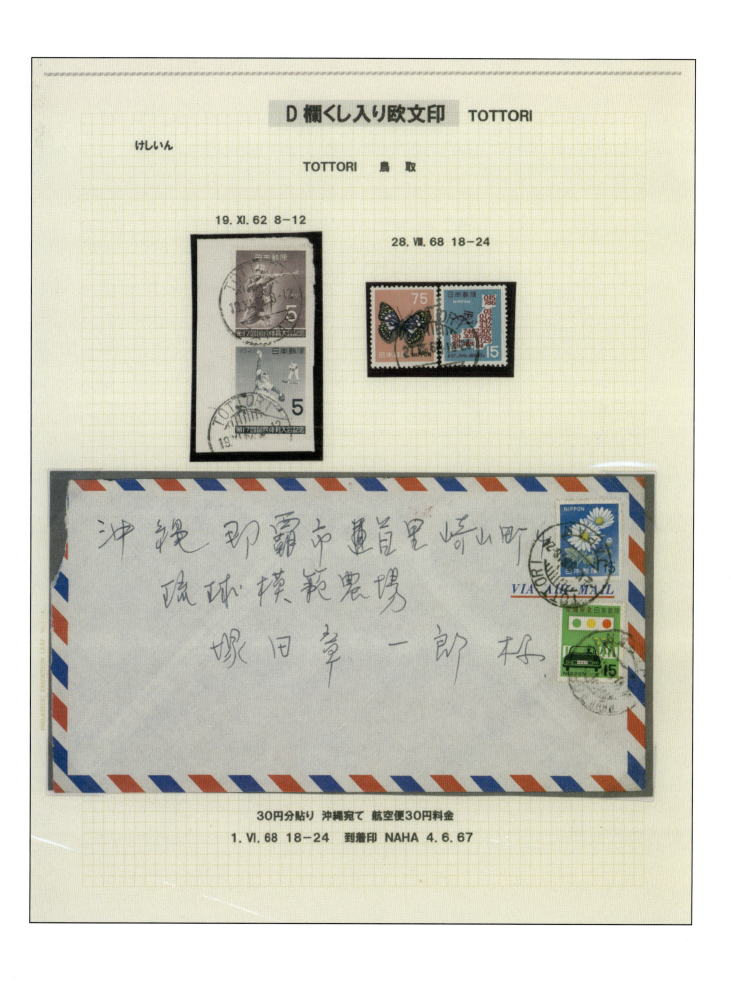

Dランクシ入り欧文印　HIROIMANAKA

けしいん　　　　　スイス宛　15円張り付け　広島中

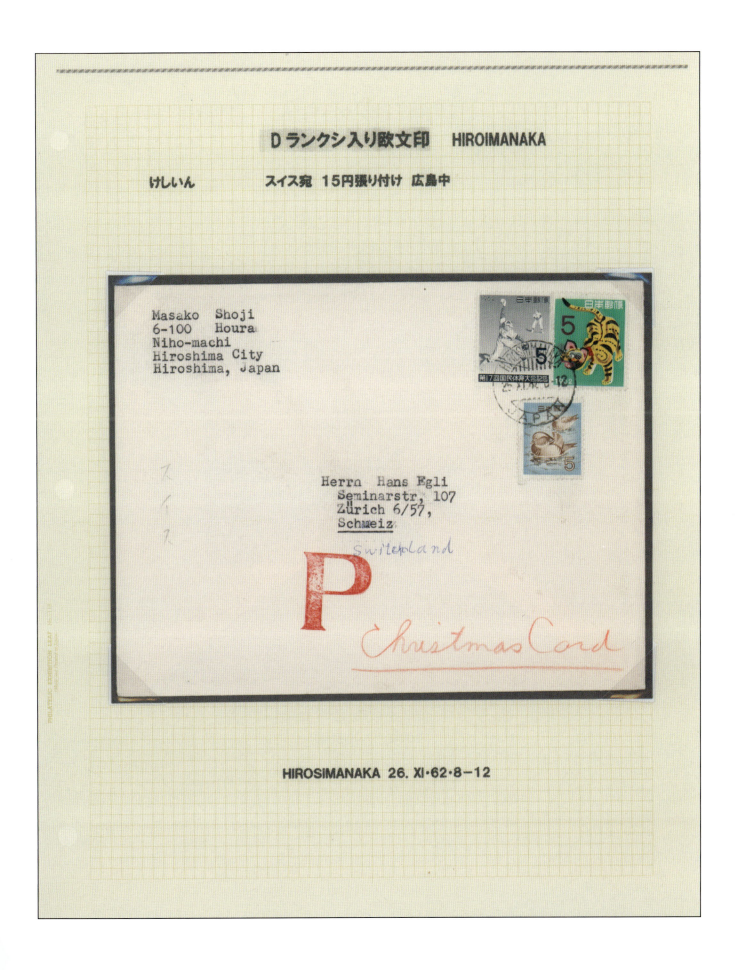

HIROSIMANAKA 26. XI・62・8－12

D 櫛入り欧文印　HIROSHIMANAKA

けしいん

HIROSHIMANAKA　広島中

60円貼り　米国宛て航空印刷物

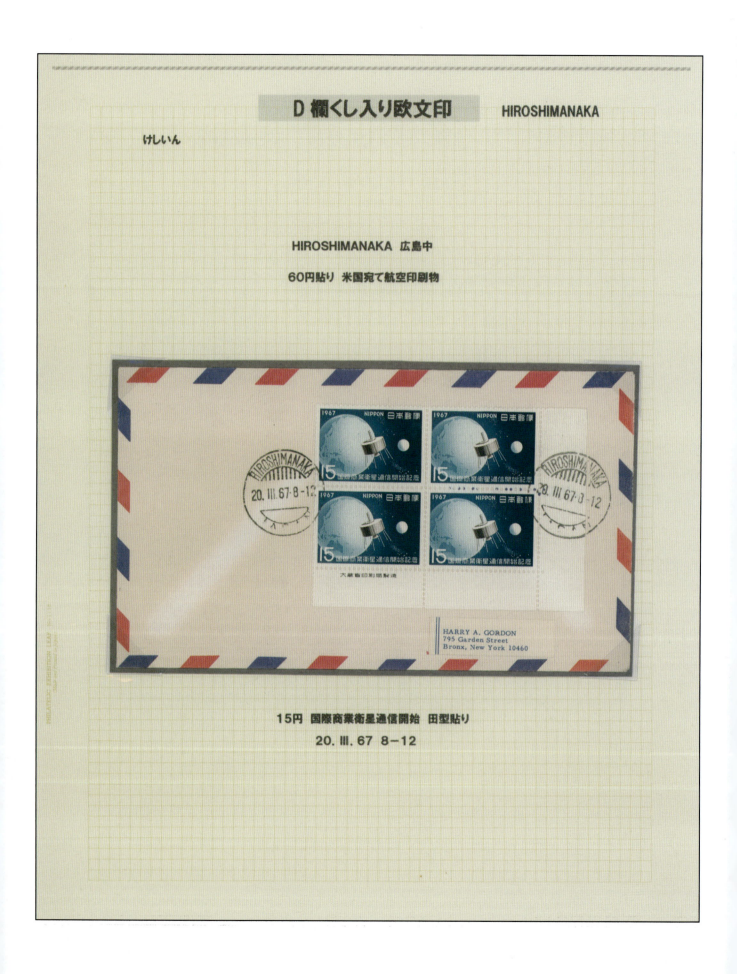

15円　国際商業衛星通信開始　田型貼り
20. III. 67　8-12

南米航路 船内印

解説　鈴木 盛雄

　戦後の日本には、人口対策、救貧対策、外貨獲得を目的として、国策として移民を奨励した時期がありました。この時期に、労働力不足の国に対して、農業従事者や工業技術者を、中南米に移送する船舶が運行されていました。

アルゼンチナ丸　大阪商船（株）　商船三井（日本移住船）新三菱重工神戸造船所

　1958 年 4 月 30 日竣工　10,862 トン　航海運力 16.4 ノット
　にっぽん丸に改名 1976 年 12 月 10 日売却解体

ブラジル丸　大阪商船（株）　新三菱重工（株）神戸造船所

　1954 年 7 月 10 日 10 日　竣工 10100 トン速力　航海速力 16.5 ノット
　1973 年引退　鳥羽港にて博物館として係留
　1996 年解体のため中国に送られる
　2008 年 1 月広東省湛江市でパビリオンに利用されているという話がある。

サントス丸　大阪商船（株）（日本移住船）新三菱重工神戸造船所

　1952 年 12 月 10 日　竣工　10,780 トン　航海速力 14.6 ノット
　1965 年移民船で最後の航海
　1972 年 WINOA パナマ
　1974 年台湾籍 HUI HSING
　1976 年に高雄にて解体された。

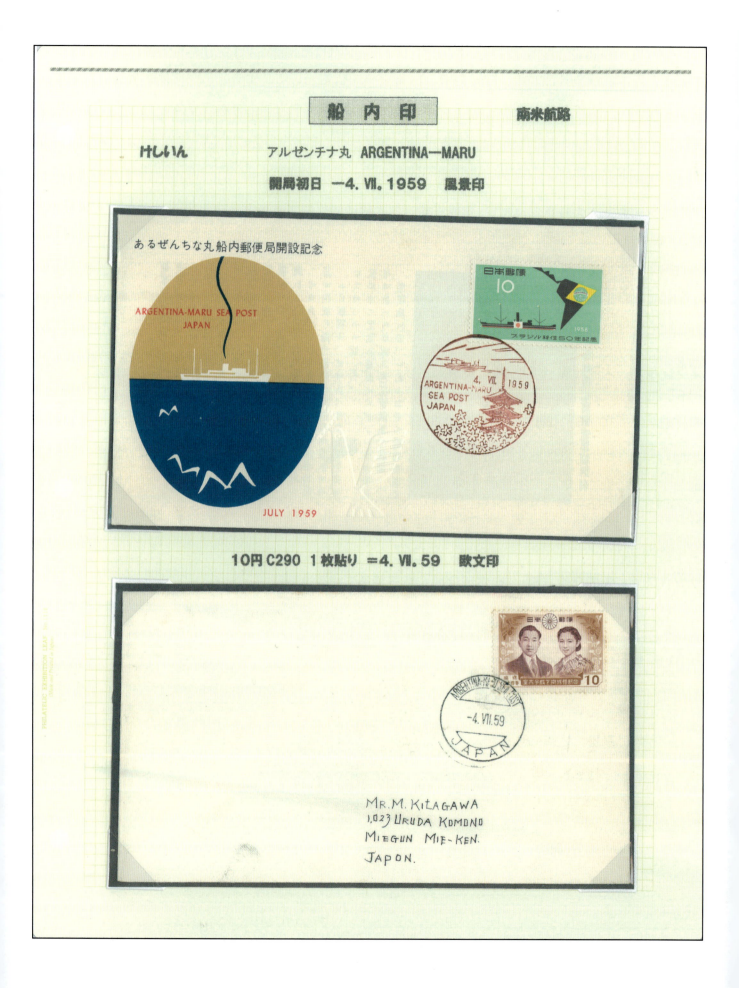

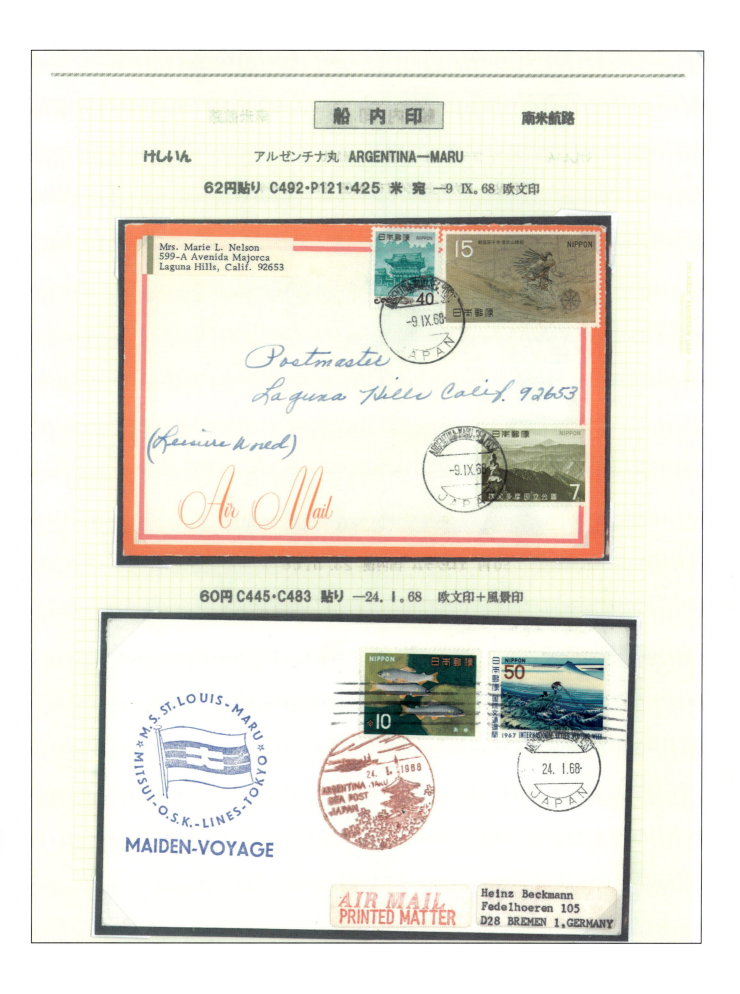

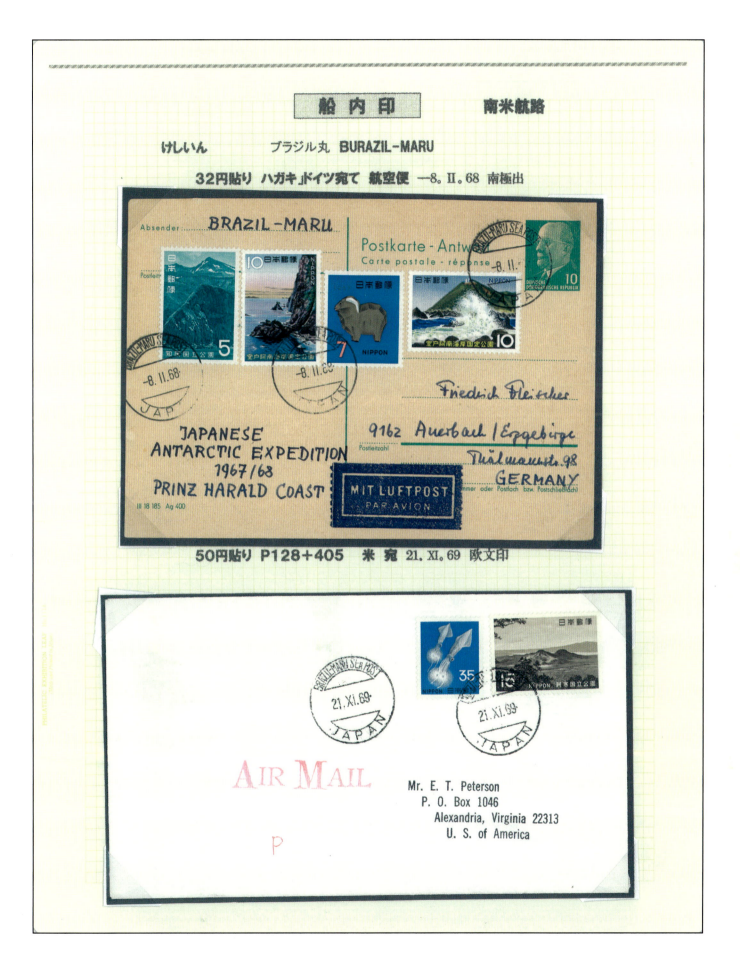

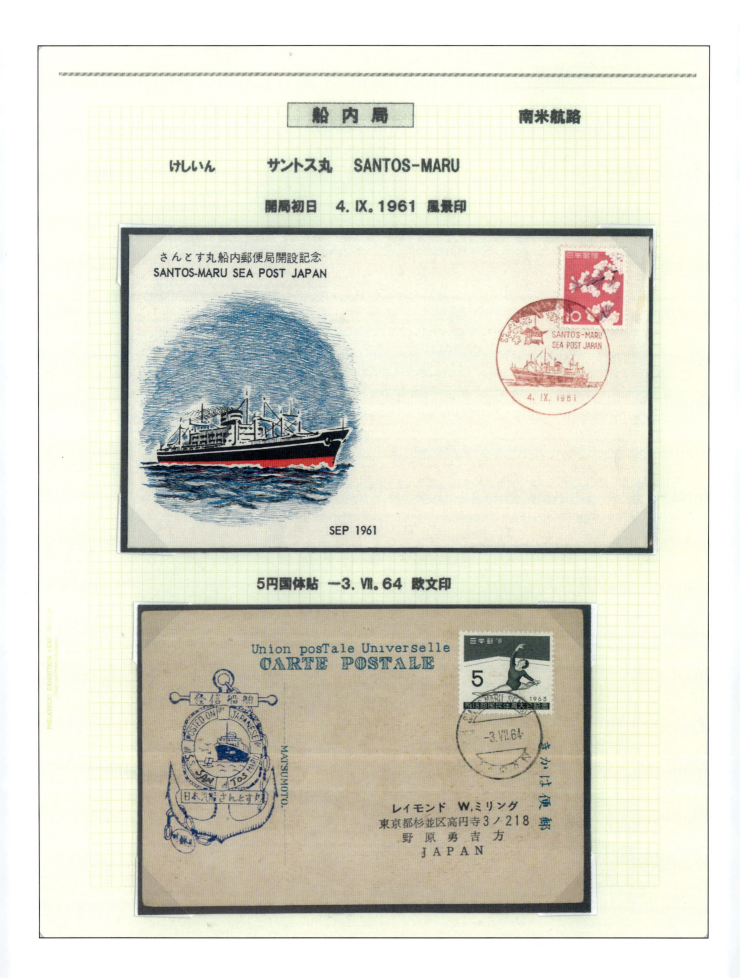

船内局　　　南米航路

けしいん　　サントス丸　SANTOS-MARU

C335 キキョウ 10円 4.IX.1961 開局風景印

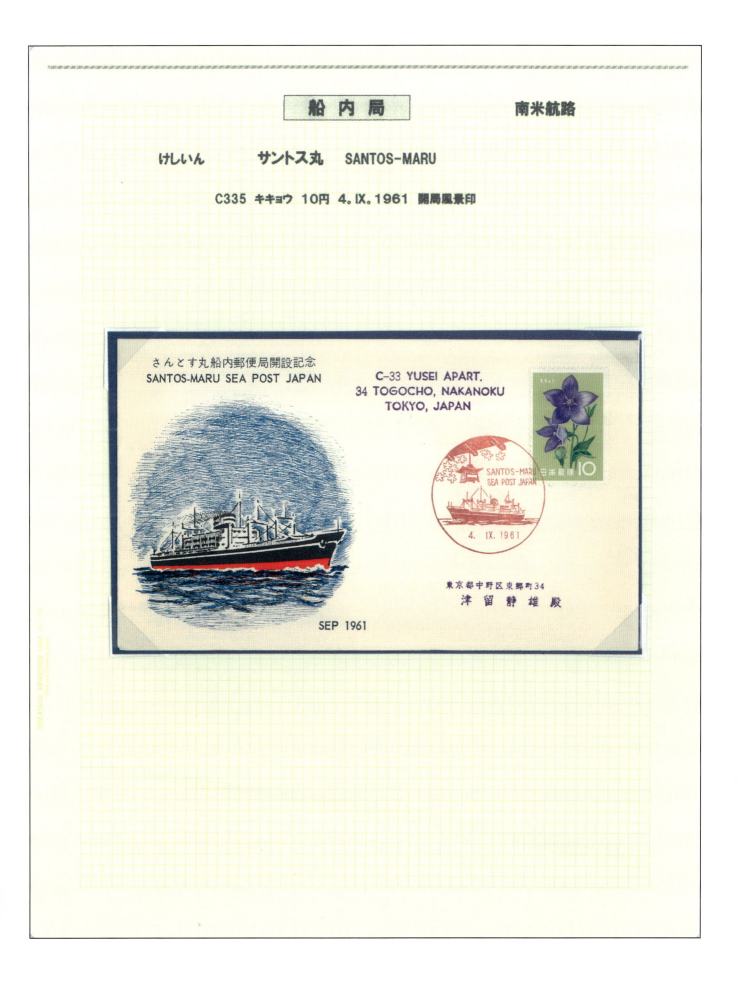

昭和５６年以降の年号直彫ローラー印

解説　鈴木　盛雄

　1981年（昭和56年）1月1日から、年号植替式のローラー印が全国に正式配備されました。全国統一のはずでしたが、東京郵政局管内および九州郵政局管内（沖縄を含む）の一部の局では、昭和56年に、また大阪中央局と首里当蔵局で昭和57年に、従来の直彫ローラー印が組織的に使用されました。この変更は、試行ローラー印の様に事前告知されたものではなく、気づいた人はごく一部の方のみでした。

　東京郵政管内の使用局は9局で、集配局などの大局の収集には苦労しないでしょう。同年中に気づいた収集家が作成したCTOも見られます。残存数が少なめなのは、分室の東京中央／大蔵省内・東京中央／日比谷パークビル内・東京中央／観光ビル内・豊島／巣鴨局です。

　九州郵政局管内は18局が確認されていますが、熊本中央以外いずれも希少で、私も14局しか集まっていません。入手には数多くのBOXを開ける必要があるのではないかと思います。

　東京郵政管内での使用局は、直彫ローラーしか使用していません。九州郵政局管内も同様かと思いましたが年号植替式のローラー印を発見しましたので、両方配給された事が分かりました。但し、九州郵政局管内のローラー印は掘り出せる量が少なく、全容はよくわかっておりません。

　沖縄の4局については、首里当蔵局は以前から知られていましたが、残りの局は後年判明したものばかりです。これら4局はいずれも昭和56年開局で、開局初日の記念押印が残っていたために判明しました。丁寧に収集してくださった当時の郵趣家に感謝したいと思います。

　昭和57年については、大阪中央局は大局ですので、収集は容易です。首里当蔵は例外的使用かと思われます。

　エンタイヤになると東京郵政局管内については、分室以外はそこそこ残っています。大阪中央局の昭和57年使用例も同じくです。使用量が多いせいでしょう。

　試行ローラー印と違って作り物が少なく、特に九州郵政局管内のものは、あったら高くても買うようにしてください。私自身とても全部は収集できていません。

　なお、これ以外に材質の柔らかいローラー印を局内で加工調整して年号直彫の特徴である「年号活字枠の中央に年号が表示される」ローラー印が数局で発見されています。いろいろ面白い物が出てきます。局員さんの苦労がわかります。

最近発見した
加治木局56年（鹿児島県）

郵政局	都道府県	郵便局	備考	使用年	
				昭和56年	昭和57年
東京	東京	東京中央	分室	○	
		東京中央・日比谷パークビル内	分室	○	
		東京中央・観光ビル内	分室	○	
		東京中央・大蔵省内		○	
		日本橋		○	
		京橋		○	
		神田		○	
		豊島		○	
		豊島・巣鴨	分室	○	
近畿	大阪	大阪中央			○
九州	福岡	田主丸	特定局	○	
		豊前		○	
		八女		○	
		甘木		○	
		大川		○	
		前原		○	
	大分	三重		○	
	長崎	厳原		○	
		三角		○	
	熊本	熊本中央		○	
		熊本中央・花畑町	分室	○	
		菊池		○	
		熊本・阿蘇	特定局	○	
		荒尾		○	
		熊本東		○	
	鹿児島	鹿児島南		○	
		指宿		○	
		国分		○	
		加治木		○	
沖縄	沖縄	首里当蔵	特定局	○	○
		浦添西原		○	
		浦添勢理客		○	
		沖縄・米須		○	

昭和56年以降の年号直彫ローラー印

けしいん | 直彫りローラー印

1981～82（昭和56～57年）

① 東京型　　　　　昭和直彫り

　昭和50～53年の試行期間を経て、ローラー印は昭和56年より全国一斉に年号植え替え式に変更される筈でしたが、56年は東京郵政及び九州郵政管内の一部の局で直彫りローラーが使用された。又57年には大阪中央でも使用された、他にも数局ありますが局にて調整されたものと思われる。

東京中央　　　日本橋　　　神田　　　京橋

豊島　　　　　豊島・巣鴨

東京中央・　　東京中央・　　東京中央・
大蔵省内　　　日比谷パーク内　観光ビル内

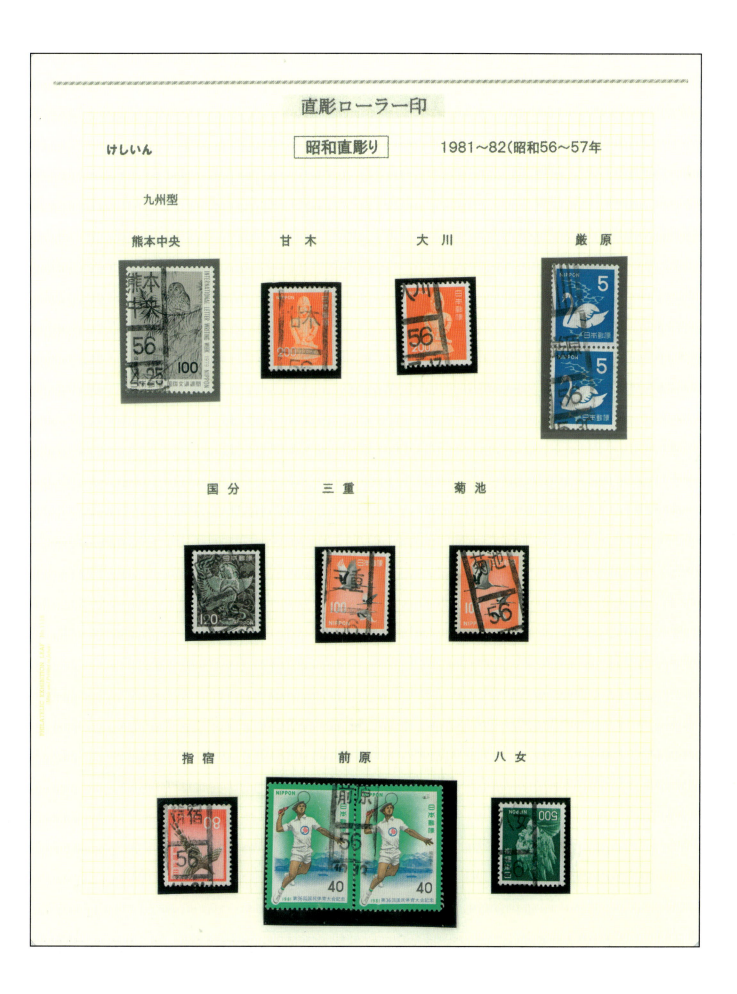

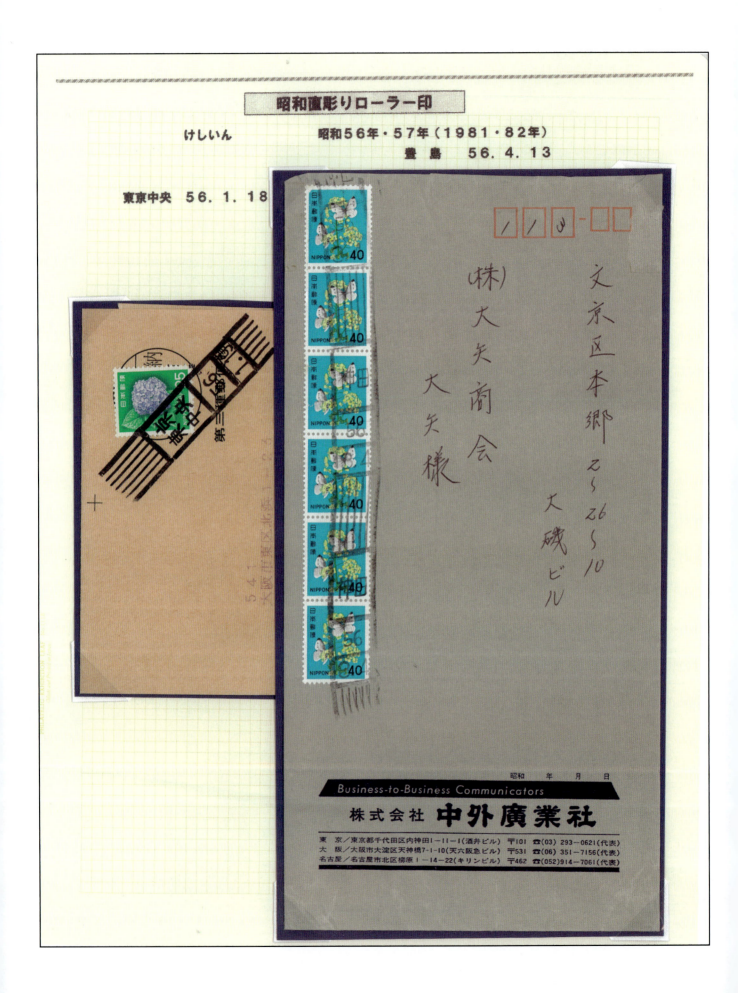

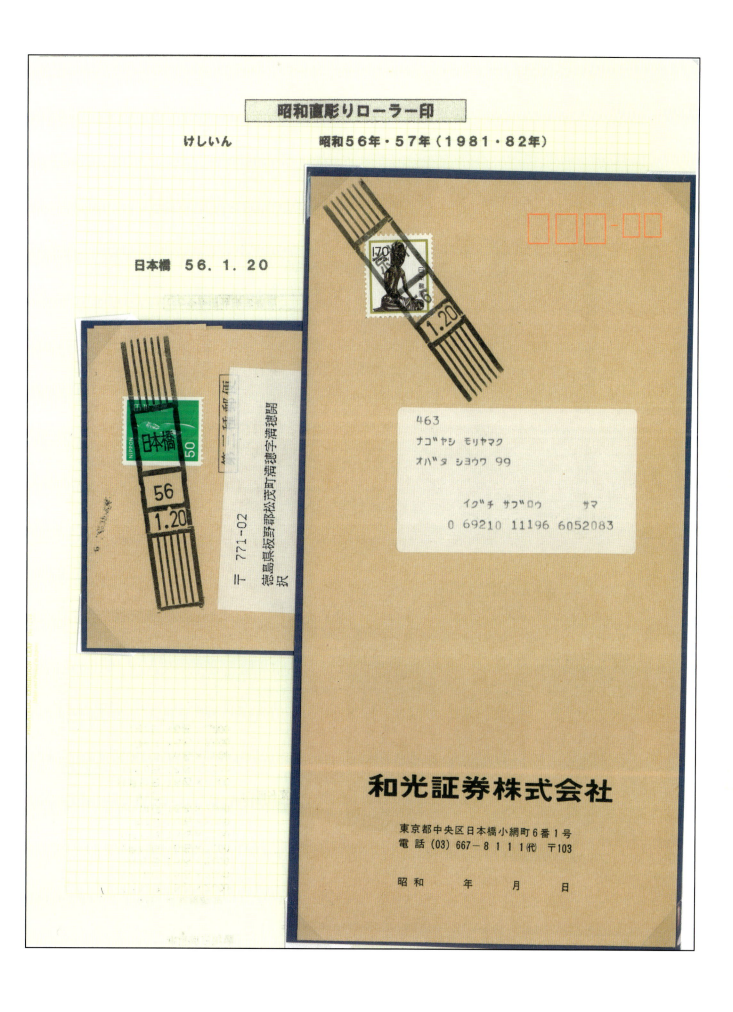

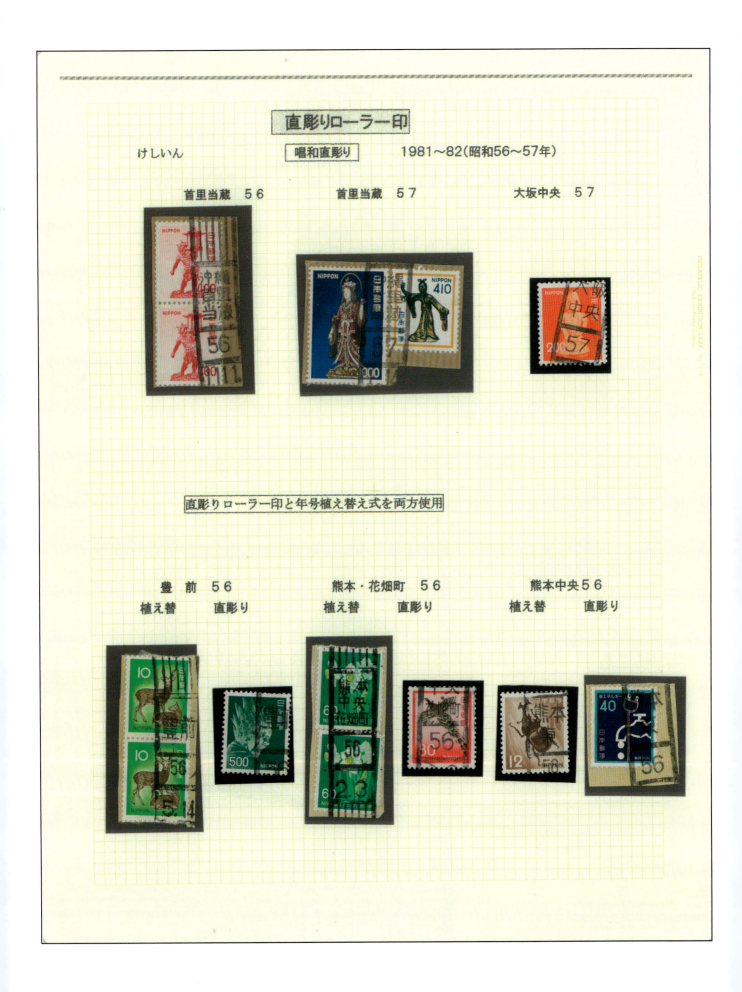

現行消印　　ローラー印

昭和直彫りローラー　　NO. 4
大阪中央　57.5.31

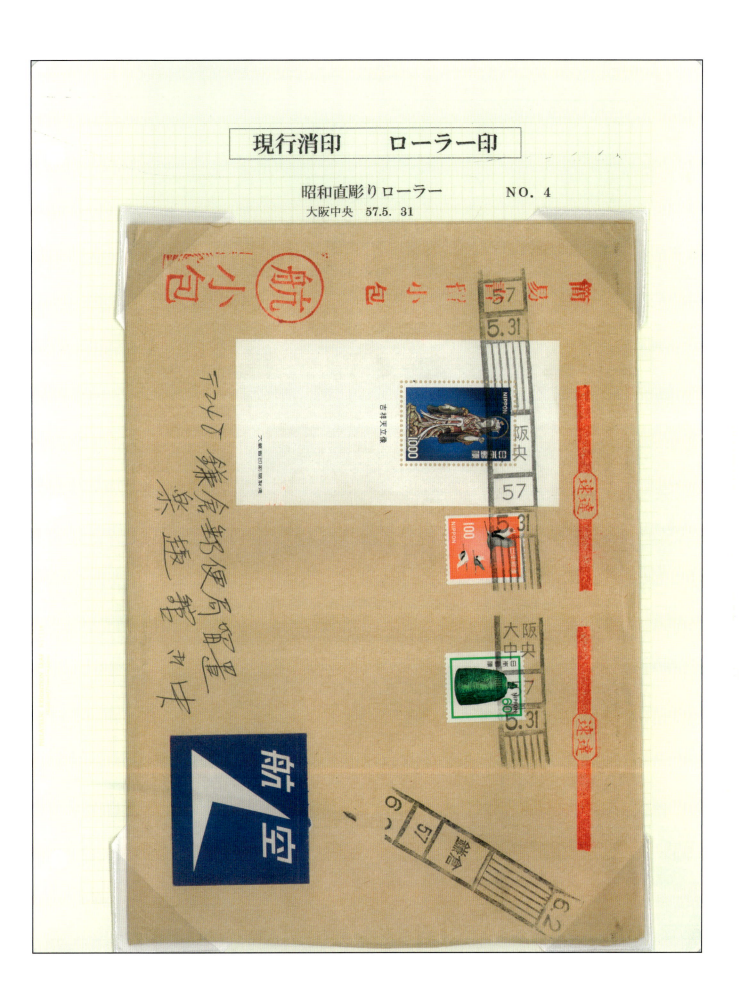

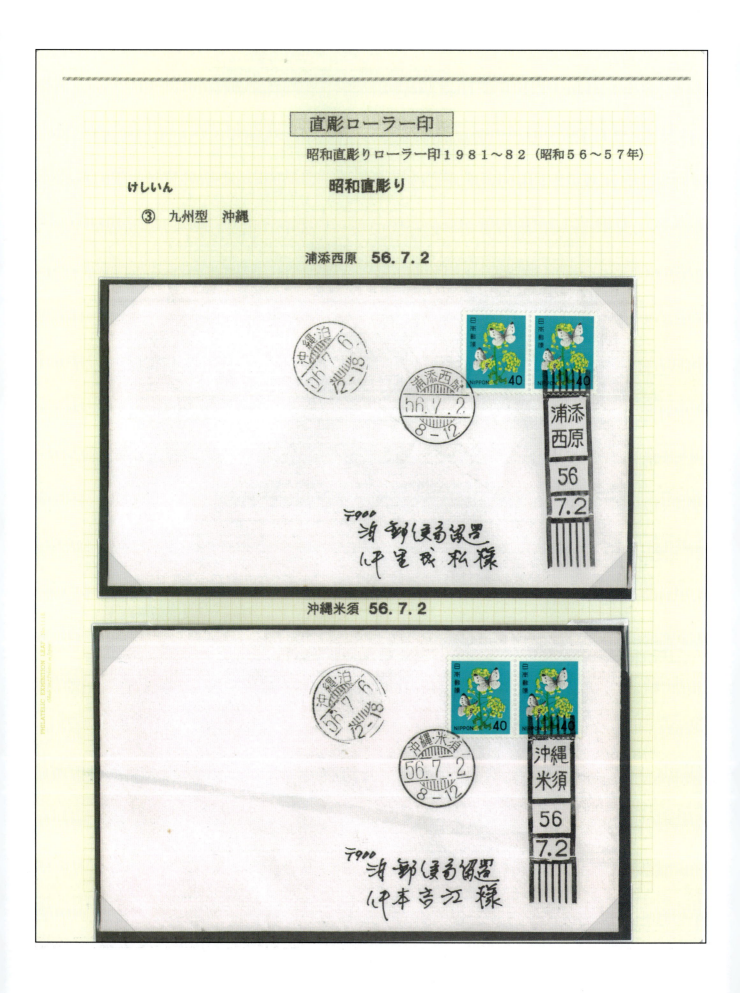

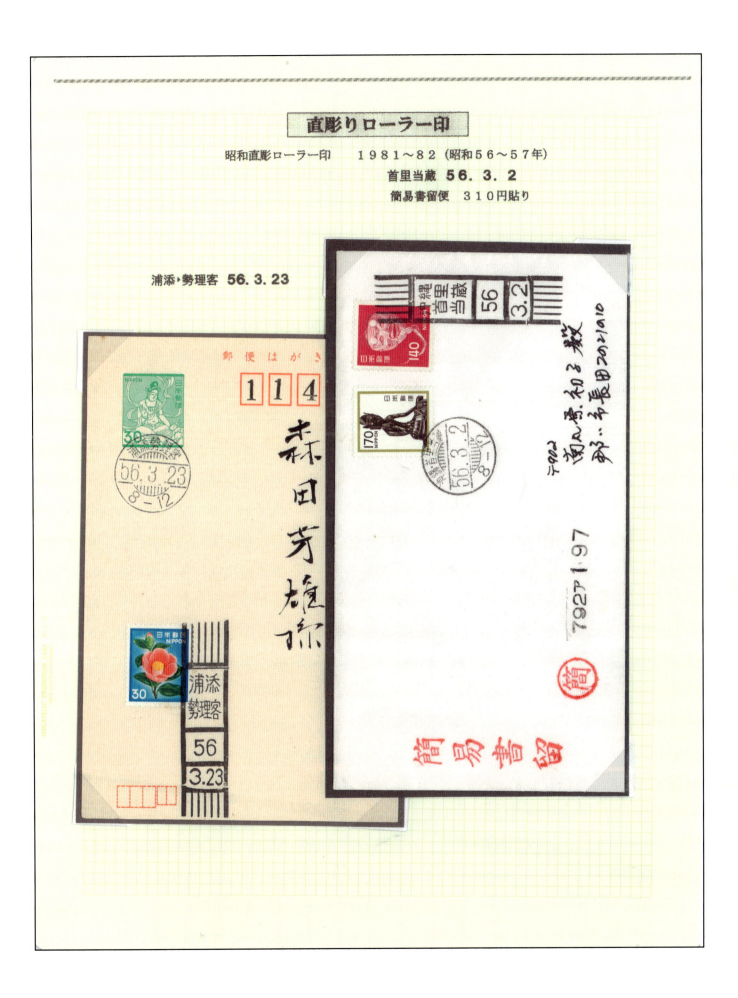

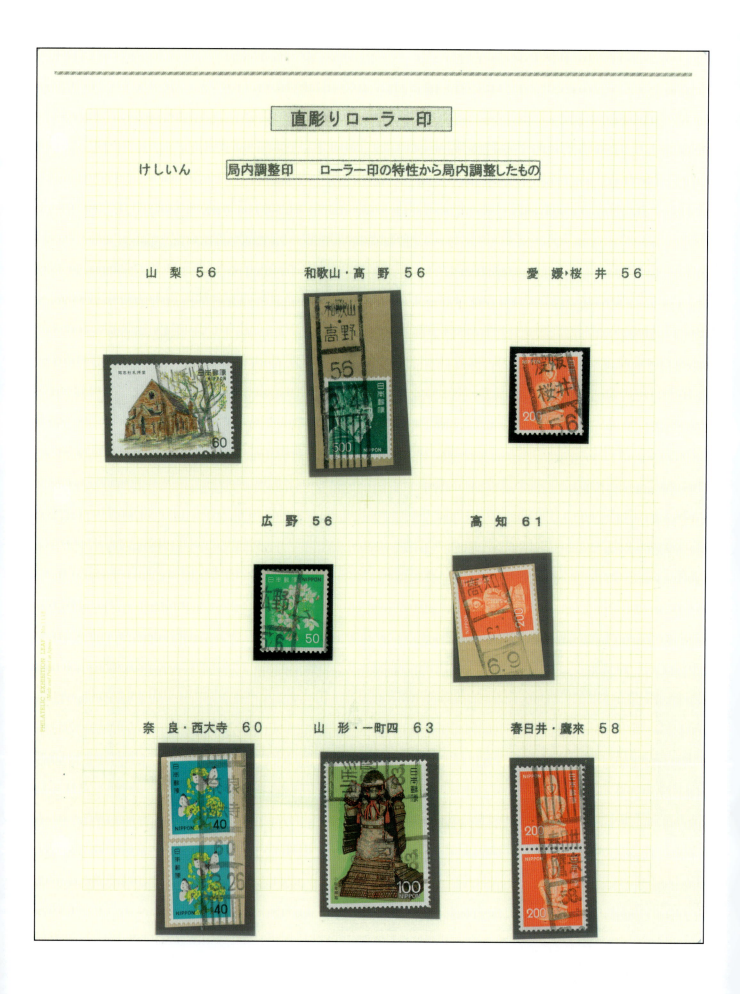

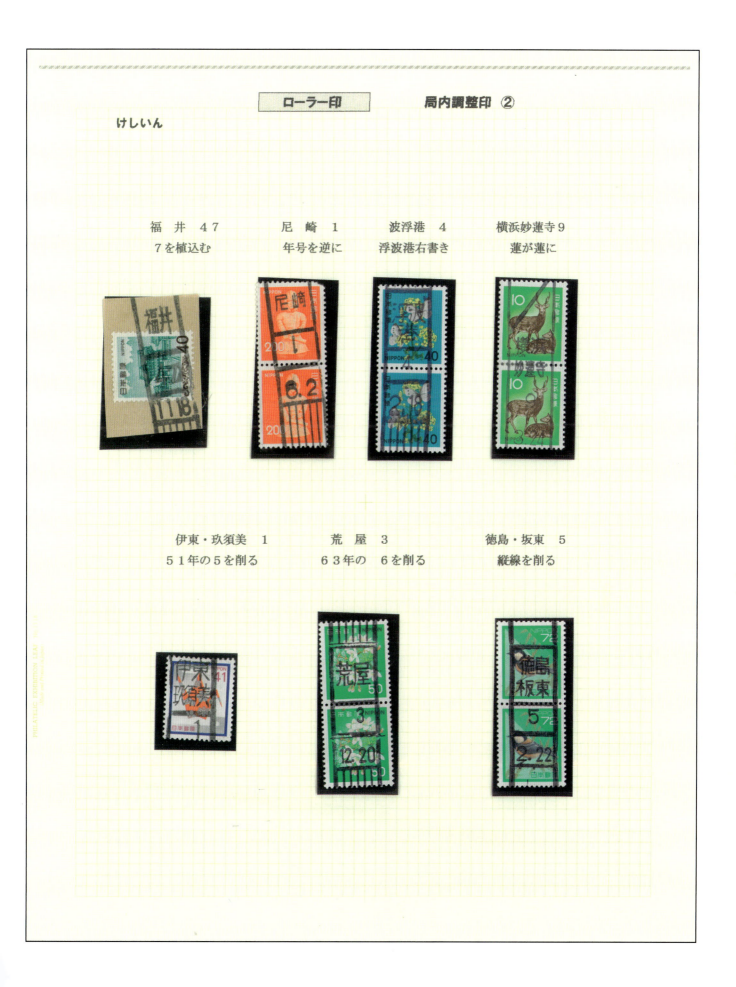

昭和５０年以降の戦後型

解説　鈴木 盛雄

　櫛型印と機械印の時刻表示は、昭和40年5月1日から「24時間型」と呼ばれる、「0-8」「8-12」「12-18」「18-24」に改められましたが、一斉切り替えではなく、それ以前に使用されていた「戦後型」形式から徐々に切り替えられていきました。

　この為、櫛型印については、昭和50年代、60年代はもちろん、平成に年号が変わってからの使用例も確認されているほどです。郵便局によっては旧印を保管していて記念押印の希望者が現れると押してくれるところもあるとか？さすがに平成22年、平成31年のCTOを見ると笑ってしまいますが・・・。

　集配局に配備される機械印の方はさすがにそのようなことはなく、昭和50年代で終わりかと思っていましたが、愛媛・松前局が使用していることが昭和63年に判明し、当時は多くの人が郵頼したり、現地に記念押印に赴いたりした様です。

　『バリュエーション』誌がまとめていましたが、私も見つけては整理してきました。まだまだあるとは思いますが、現在の収集品の一部をお見せします。

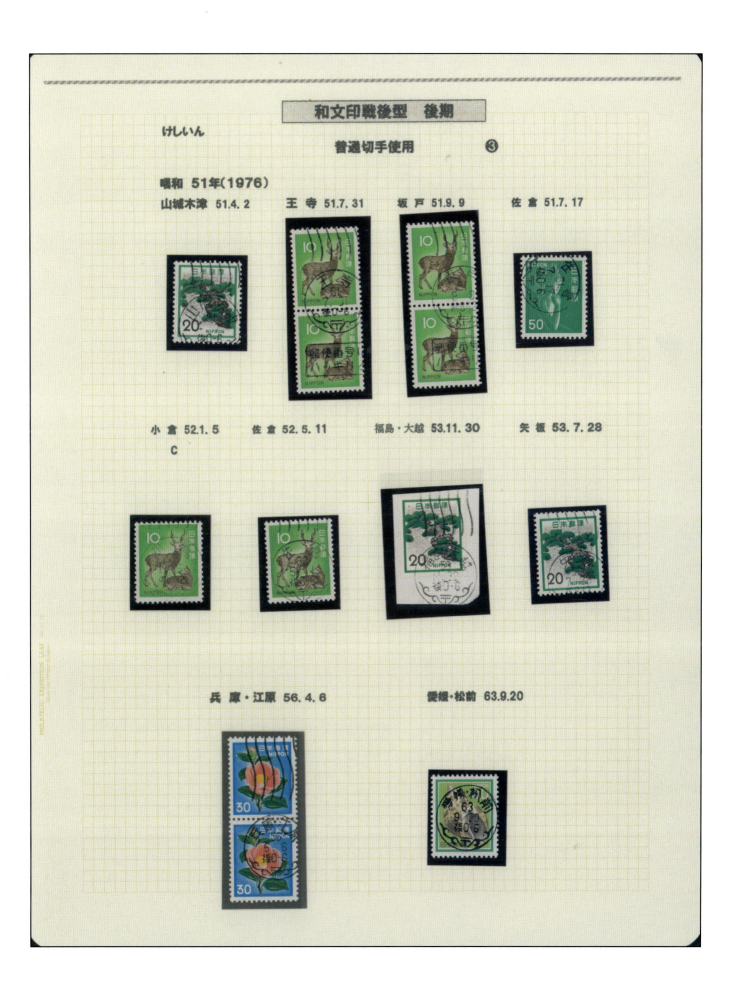

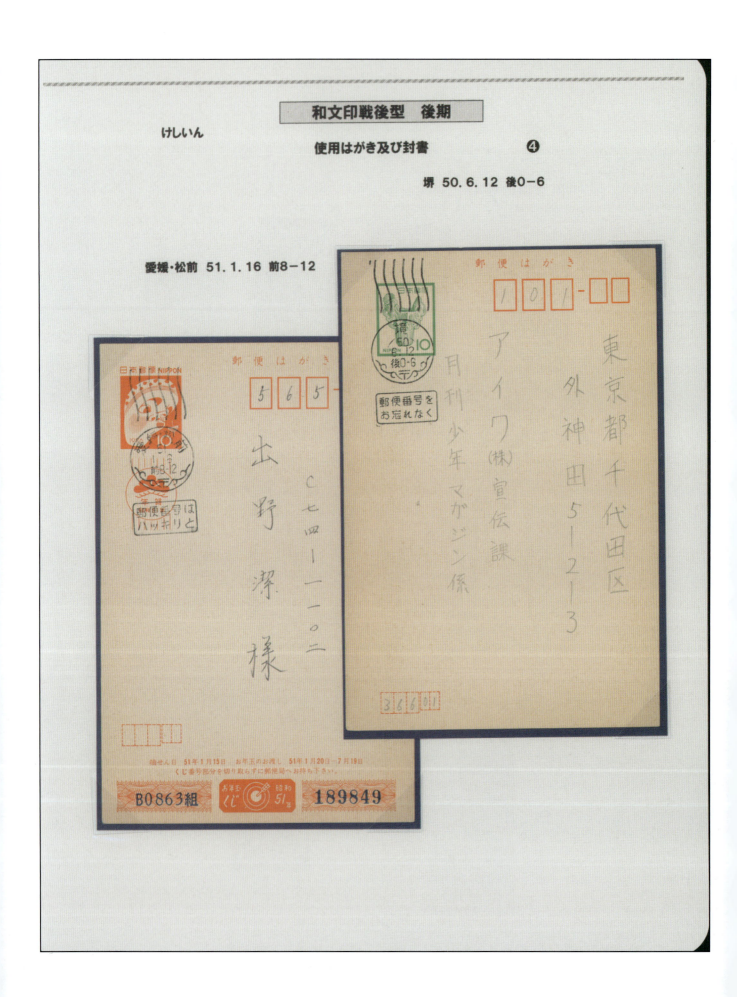

和文印戦後型　後期

けしいん

使用はがき及び封書　　❹

兵庫・香住 54.7.3 前8-12

兵庫・江原 58.12.24 前8-12

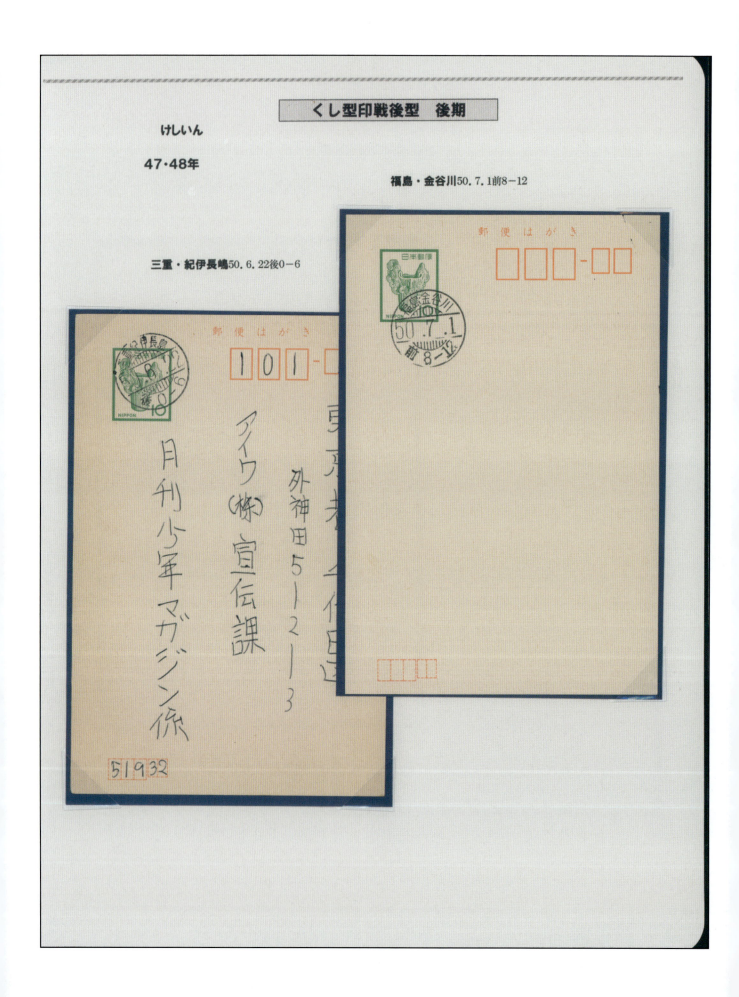

くし型印戦後型　後期

けしいん

47・48年

群馬・室田 56.10.1前8-12

尾道古浜 57.5.24前8-12

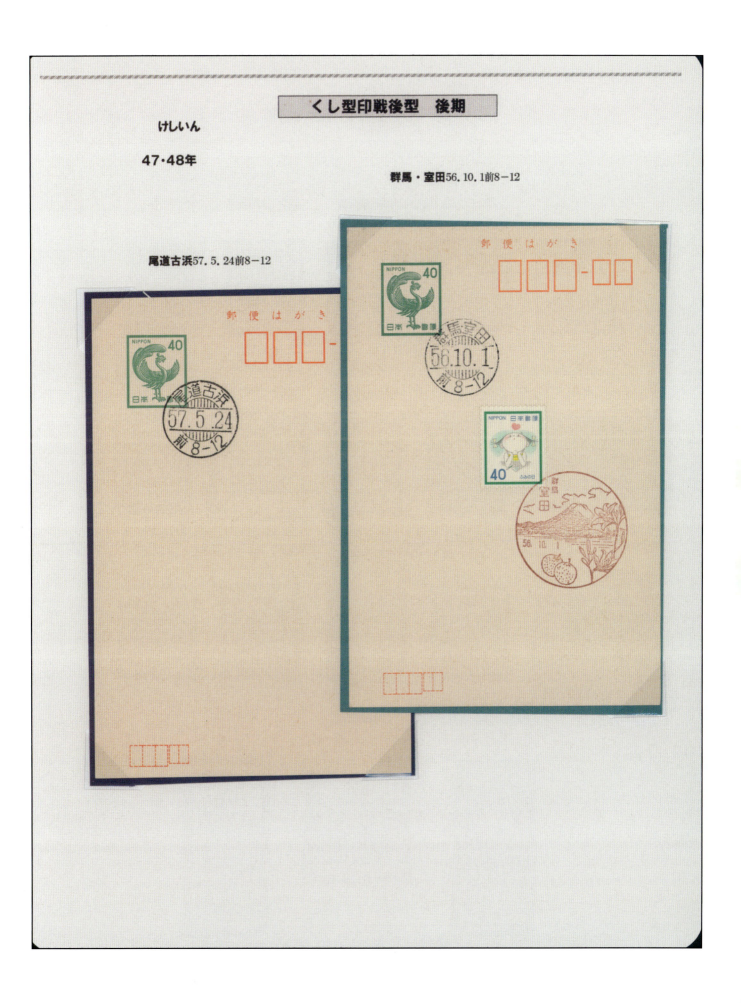

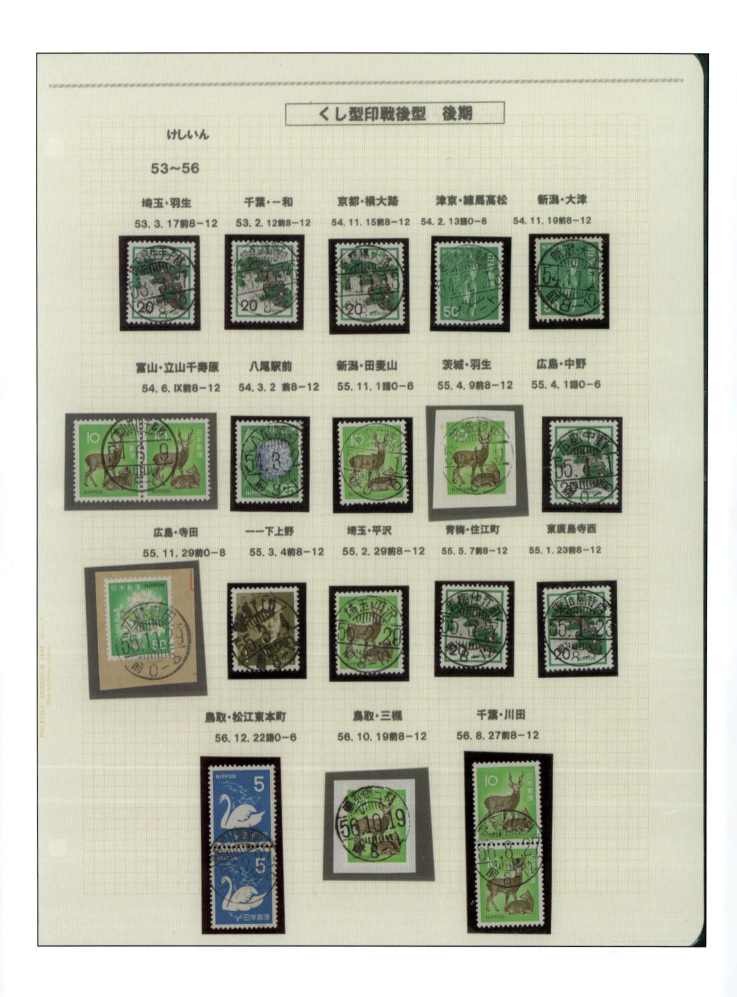

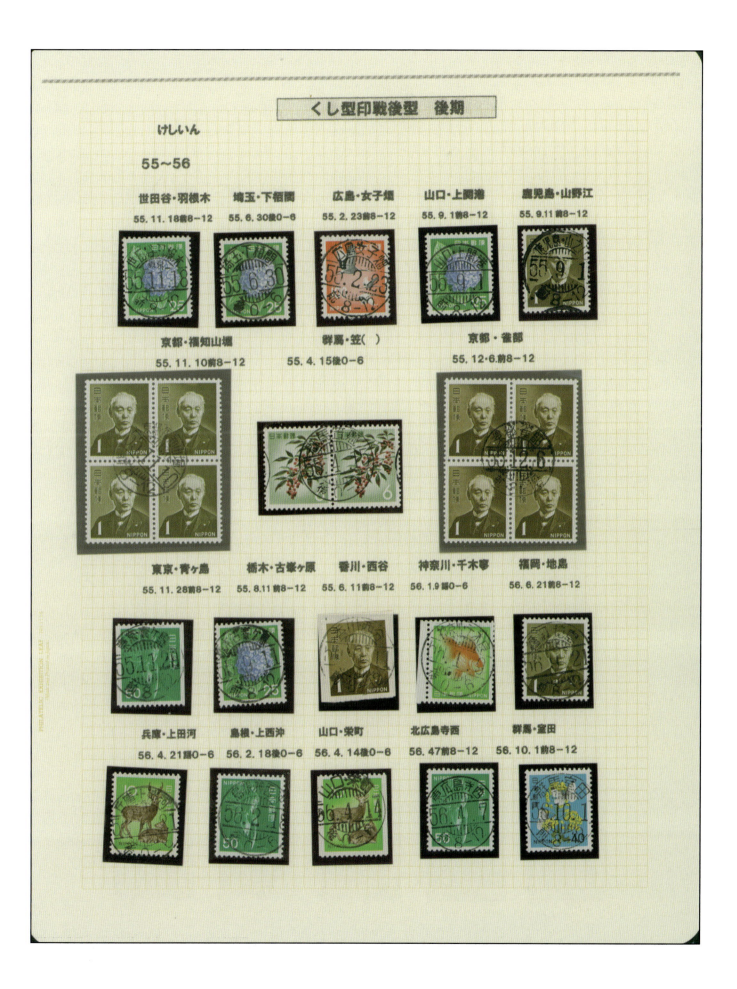

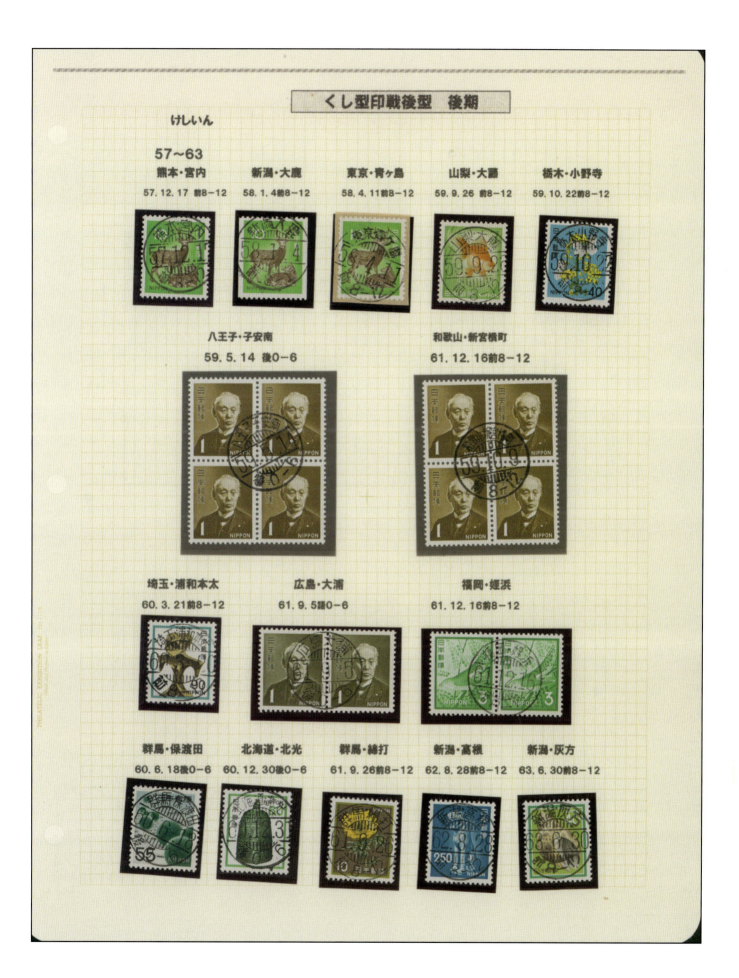

くし型印戦後型　後期

けしいん

福島・泉 6.6.7前8-12

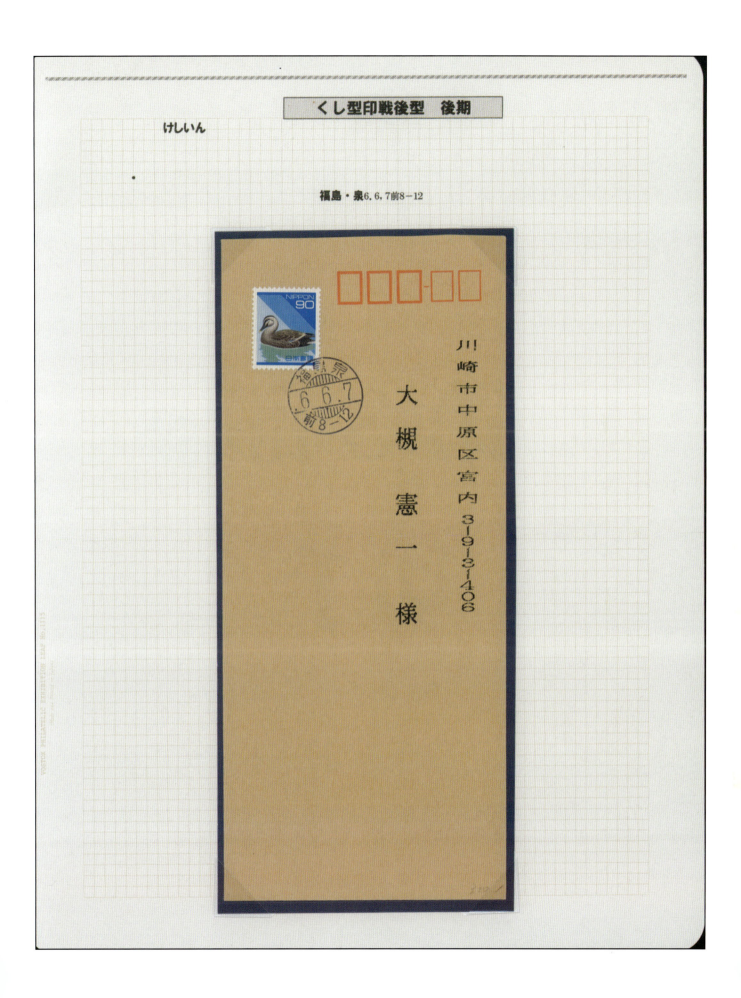

第3部
切手

50円緑仏「記念紙」

コレクション　鈴木盛雄　解説　久野 徹

　昭和58(1983)年、日本の郵趣シーンでは、現行切手のカラーマークという、ちょっと癖のあるアイテムのブームが巻き起こっていた。そのブームをリードしていたのが、進藤久明氏の発行していた「京浜郵報」誌である。切手を銘柄と呼び、買い入れ表を矢継ぎ早に更新して投機の構図を作るなど、癖のあるアプローチで収集意欲を煽った。その一方で、硬派な記事も掲載された。その最たるものが、今回紹介する50円緑仏の記念紙発見の記事である。

　通常の50円緑仏切手は、この当時の普通切手同様、印刷面側にコート加工のないマット紙(普通紙)が使用されている。ところが昭和52年頃、この切手の一部に記念切手用のコート加工された用紙が誤使用された。一種のエラー切手である。進藤氏がこのエラーを発見、50円緑仏の「記念紙」と命名された。筆者も、科学分野での命名権の考え方を尊重し「記念紙」と呼称する(※1)。同氏発行の京浜郵報誌にて発表、リサーチが継続された。

図1　50円「記念紙」カラーマーク付き未使用(参考文献1より)

　50円緑仏の「記念紙」は、キロボックスを愛する現行屋にとっては天恵となった。50円緑仏は、15円旧新菊、20円松に比べると使用済収集の面白みに欠け、モチベーションが上がらない対象だったからである。本稿では現行消印収集の視点を中心に、50円緑仏「記念紙」を紹介する。

(※1 日本切手専門カタログ始め、JPS系出版物では「コート紙」名称が使用される)

50円緑仏「記念紙」について

　まずは50円緑仏「記念紙」の諸元について記述する。
　　印刷：コンベンショナルグラビア
　　印面230線、カラーマーク250線(A2版)（図1参考文献1より）
　　目打：連続櫛型逆2連1
　　用紙：昭和52年国土緑化切手などに使われている用紙と同じもの。
　　コート面の光沢が強く、印刷の仕上がりもグラビアスクリーン目が綺麗に刷られている。
　　推定製造枚数：40万枚(京浜郵報170号)

　50円緑仏には、インク表面のツヤが高いもの、あるいは製紙時に強く圧をかけられマット紙ながら平滑度の高いものが存在し、これを「記念紙では？」と誤認する向きがある。昭和52年国土緑化切手と同様の光沢があるか、比較していただければ判断に迷うことはないだろう。

「記念紙」と、「京浜郵報」と盛雄さん

進藤氏による50円緑仏「記念紙」の発見の第一報は、実は「記念紙」の流通時期にさかのぼる。昭和52年5月21日の京浜郵報110号ニュースで、以下の報告があった(図2)。

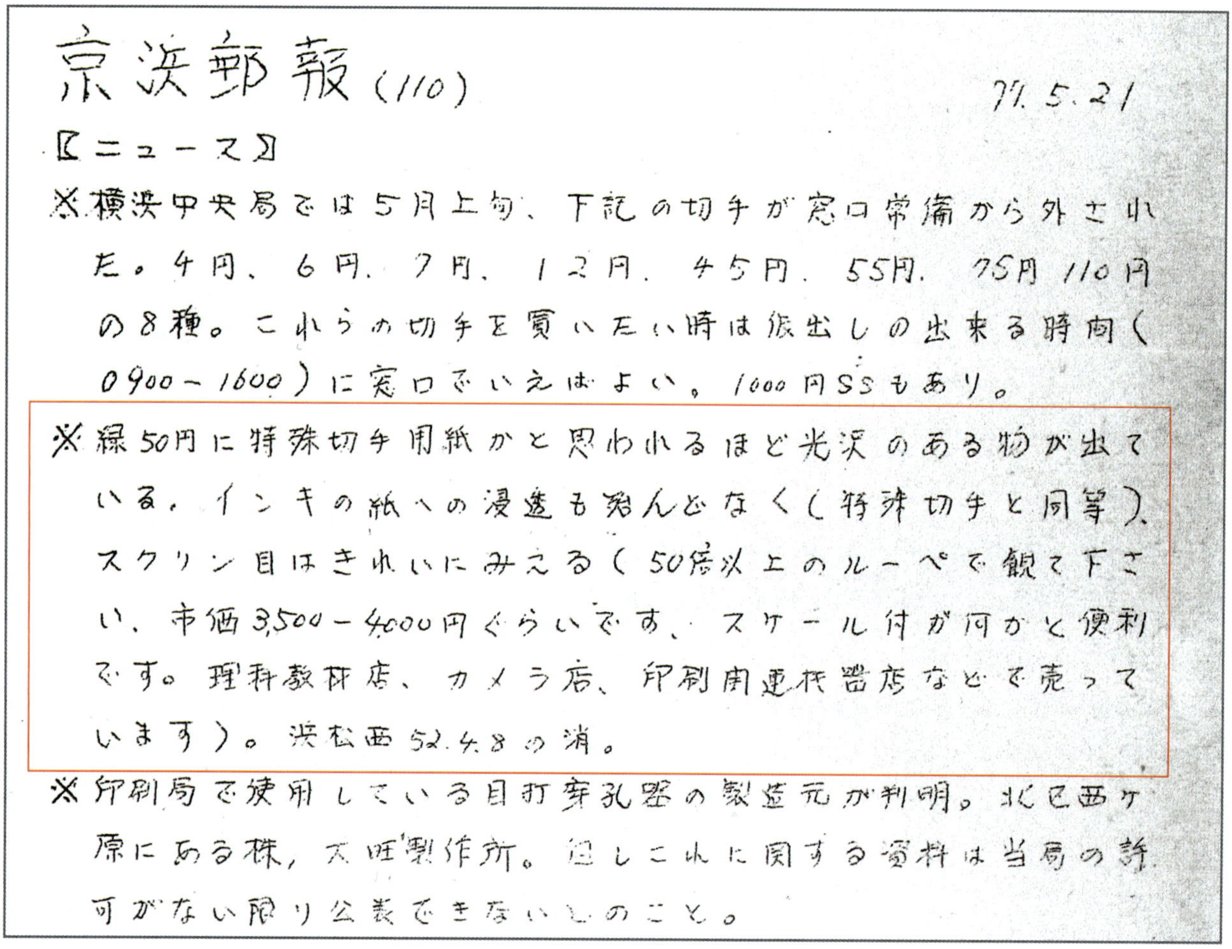
京浜郵報（110）　77.5.21

【ニュース】

※横浜中央局では5月上旬、下記の切手が窓口常備から外された。4円、6円、7円、12円、45円、55円、75円、110円の8種。これらの切手を買いたい時は振出しの出来る時間（0900－1600）に窓口でいえばよい。1000円SSもあり。

※緑50円に特殊切手用紙かと思われるほど光沢のある物が出ている。インキの紙への浸透も殆んどなく（特殊切手と同等）、スクリン目はきれいにみえる（50倍以上のルーペで観て下さい、市価3,500－4,000円ぐらいです、スケール付が何かと便利です。理科教材店、カメラ店、印刷関連機器店などで売っています）。浜松西52.4.8の消。

※印刷局で使用している目打穿孔器の製造元が判明。北区西ケ原にある株，大旺製作所。但しこれに関する資料は当局の許可がない限り公表できないとのこと。

図2　京浜郵報110号を引用。　50円「記念紙」第一報。

特に現物写真等は掲載されず､印象に残りにくい記事である。この第一報をキッカケに50円緑仏｢記念紙」を探した人は恐らく居なかったのではないだろうか。

進藤氏は上記の発見に自信が持てず、実に3年間「記念紙」の件を放置した。昭和55年4月の127～128号にて、用紙光沢や用紙厚さ測定から、特殊切手用紙が誤用されたものであることを確信、再度「記念紙」の記事掲載が始まる(図3)。ただしこの時点でも、「記念紙」の拡大図提示は無い。

昭和56年1月､15円菊コイルにも記念切手用紙を用いたものがあることを報告。この中で｢記念紙」という名称を使い始めた。

そして141号(昭和56年11月15日)にて、スクリーン目のわかる拡大写真を掲載(図4)。この記事によって、広く50円緑仏「記念紙」の認識が広まった。進藤氏の知人が2枚の「記念紙」を発見(代々木の波消)、3点の存在が確認されている。

この流れを振り返ると、情報展開の初動が悔やまれる。第一報の昭和52年5月の時点で、例えばJPS系の媒体などに報告がなされていれば､流通期間内にいろいろなものが残されたであろう｡一方で、冒頭に書いた通り出現から4年間、調査・集積が進まなかったことで、50円緑仏に魅力的なアイテムが生まれたことは、現行屋にとっては天恵となったのも事実である。

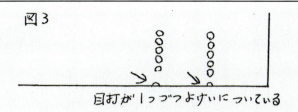
図3

目打が1つづつよけいについている

緑50円に記念切手用紙
Paper Error Was Discovered On ¥50 Green

当誌(110) 77.5.21において、緑50円に特殊切手用紙かと思われるほど光沢のあるものが出ており、紙へのインキの浸透も殆んどなくスクリン目はきれいにみえる(50倍のルーペで)と書いたが、その後、年に1回ぐらい、現物を見てはいるものの結論を出せないまま今日に至ってしまった。

当時、上記のように書いたものの記念特殊切手用紙(以下記念用紙と記す)で緑50円が製造されたとは思えなかったし、そんなことはある筈がないと頭から決め込んでいた。

ところが、今また それをルーペでのぞき、マイクロで厚さを測り、光沢がぎらぎらしているのに直面すると、記念用紙でしかありえないと確信をもつようになった。

これはオンピースで、朱150円といっしょに貼られてあるもので、㋳浜松西52.4.8の印が普通に押されている。この異様な緑50円はこれ1枚しかみつけていない。

普通切手用紙では記念ほどコーティングされないので、インキが紙に浸透し、スクリン目はきれいにみえないが、記念では気持が良いくらいきれいだ。この50円はその記念切手のようなスクリン目をもっている。

台紙付のまま厚さを測ると150円は0.152-0.155なのに対し50円は0.160-0.165。台紙がついていなければ各 0.080-0.085、0.090-0.095と推定される。即ち後者は当時の記念切手と同じ厚さをもつ普通切手ということになる。230ℓのスクリンピッチ。(128号につづく)

■米国で突如3月6日にアメリカーナ14¢コイル発行。
〒220-91 横浜中央局POB206号 進藤久明

京浜郵報 (128)   THE K

緑50円に記念切手用紙 (つづき)

なぜ普通切手の緑50円が、このように記念用紙で作られたのかと考察してみると、ただ単に間違えて、例えば緑化77用に用意された紙を、同じ50円ということで使ってしまったということが推測される。また、一時的に普通用紙がなくなり、故意に使ったとも考えられないこともない。まさかそんなことはないだろうとは思うが…。おそらく前者によるエラーではないかと思われ、コーティングの状態など、緑化77の紙と同等である。

この50円が記念用紙であることの根拠として強調したいのは、スクリン目の形状である。普通用紙では、インキが紙に浸透し、スクリン目はくずれるが、その点、記念用紙ではきれいにみえ、明瞭にその違いを認識することができる。そしてその記念型のスクリン目をもつのがこの50円である。他の普通切手ではこの記念型のスクリン目は全く見られない。

尚、他にも記念用紙の50円がないか探してみたが全く発見できず、かなり少ないようだ。一見して違いがわかるユニークな切手で、発光切手を分類するよりもずっと簡単。

他の多くの普通切手でも、高い光沢度をもつインキで刷られたものが存在するが、これは単に高光沢インキを使用したということであり、記念用紙とはいえない。例えば仏頭300円はイニシャルが高光沢、ザニ製造群(76年3月2日最古データ)以降は中光沢であるが、どちらも普通用紙。

舶来ニュース
FOREIGN NEWS

バーレンで初の大オークション

2月23-4日、バーレンのUniversal Stampsによる初の大オークションが開かれた。主にイギリス、欧、北米で、中東もある。目録はカラー写真を含む100頁で、オークション前の見つもり総額は25万英ポンド(約1億4千万円)

図3 京浜郵報127-128号を引用。50円「記念紙」第二報。

図4　京浜郵報141号を引用。50円「記念紙」が画像紹介される。

　164号(昭和58年9月)にて、同誌読者が4枚目の「記念紙」を発掘する。この記事で発見確率は50円緑仏1万〜2万枚に1枚程度と示される。165号(昭和58年10月)で5-8枚目の4点が発見される。この記事の中で、実逓消の局名から、ほとんどが東海郵政管内で売られたことが示された。

　170号(昭和59年7月)、11枚目の報告とともに、発見確率は50円緑仏3万枚に1枚程度と修正された。50円緑仏の推定総印刷枚数120億枚から、「記念紙」の製造枚数は40万枚と推定された(図5)。

　そして171号(昭和59年8月)。なんと盛雄さんが12枚目を発見している(図6)。それまで見つかったものは、進藤氏8枚、友人2枚、読者1枚だったので、盛雄さんは4番目の発見者となった。盛雄さんは40年前の発見の経緯を、次のように述懐される。

　「キロボックスからの「記念紙」発掘に挑んだが、今まで見つけたことは無い。この賀田の使用済はキリストの袋入りから見つけたもので、満月だったため捨てずにストックブックに置いていた。紙の厚み、刷色に違和感があり、京浜郵報の記事を読んですぐに、あれだと気づいた」

　切手との出会いも一期一会。コレクションの転機になった一枚と出会うキッカケは、案外こんなケースが多いのかもしれない。

京浜郵報

1984年 7月（通巻170号）
編集発行人　進藤久明
〒151 東京都渋谷区千駄ケ谷2-1-1-202
郵便振替：横浜3-14573（進藤久明）
☎ 03(408)0790　誌代24回分2,000円

また記念紙を発見

緑50円記念紙リスト

	消　印	
1枚目	櫛	浜松西　52、4、8
2枚目	局波	代々木
3枚目	〃	〃
4枚目	機械	静岡南（？）
5枚目	櫛	金谷　53、1、6
6枚目	和欧	浜松西　77、4、6
7枚目	櫛	…松
8枚目	櫛	三重賀田53、1、21
9枚目	機械	
10枚目	〃	一宮　52、
11枚目	〃	浜松　52、

これまで9枚報告されている緑50円の記念紙だが、最近新しく2枚を進藤が発見した。

大体3万枚に1枚見つかっているが、この率で割り出すと約40万枚の記念紙が売られたと推定できる。この数はけっしてとびきり少ないとはいえないが、緑50円の全体の存在数があまりにも多い（推定120億枚）ので、その中から探し出すという意味ではやはり稀少だ。

11枚の内局名のわかる実逓済は7枚だが、その全てが東海郵政局管内であるということは、この記念紙の全てあるいはほとんどがここで売られたことを示しているとみてよい。

10枚目　　　　　11枚目

7月の日程

7月9日(月)　東京エコー会
　〃　(〃)　代々木外国切手会
7月15日(日)　広葉交換会（立川）
7月16日(月)　代々木日本切手会
7月27日(金)　代々木会（即売会）

図5　京浜郵報170号を引用。50円「記念紙」の推定製造数が示される。

図6　盛雄さんが見つけた12枚目の「記念紙」

　昭和60年以降、京浜郵報誌は、守備範囲を切手からテレホンカード等に変える。それに伴い「記念紙」が同誌に取り上げられることは無くなる。同年5月の「フィラテリスト」誌QAコーナーに「記念紙」が登場、以降は50円緑仏の製造面バラエティとして、「記念紙」は全国区で議論されるようになる。

「記念紙」の出現状況、収集界への残存状況

このエラー切手の出現状況のリサーチは、参考文献２が秀逸である。オークション出品物や記事などを含め、収集界に画像掲示された「記念紙」300 点以上をベースに、局別・消印別の出現状況をまとめられたものである。この記事から、以下が分かる (図７出現状況チャートの一部)。

・東北郵政管内での使用

福島局とその周辺の数局で、使用が確認される。昭和 52 年 3-4 月、短期間で姿を消す。「記念紙」の流通量全体に対して１割強程度の存在。

・東海郵政管内での使用

大半の「記念紙」はこの地域で使用された。愛知、三重、静岡の一部の局で流通。発見例の多い浜松、豊田のような大局は、昭和 52 年前半までに使用されている印象を受けるが、静岡南、松坂のように昭和 53 年以降も流通が続く局もあり、一概にパターン化できない。最古は昭和 52 年３月５日 (豊田局)。

表1．
地域別・時期別の使用状況
（つづき）

			52	3	4	5	6	7	8	9	10	11	12	53		54		55		可読	局のみ	備考
愛知県	中央圏	天白	名	・		・														3		Ⓚ ö
		緑	古			・														1	2	ö
		昭和	屋																		2	Ⓚ 別納
		名古屋中央	市																		1	和欧
	西圏	一宮	市			・	・							・・						8	2	Ⓚö⊜ p
		祖父江	町							・										1		Ⓚ
		稲沢	市			・														1		Ⓚ
	東圏	豊川	市			⁘														4	1	Ⓚ ⊜
		豊橋	市				・													2	1	Ⓚ ö
		小坂井	町																	1		Ⓚ
		愛知御津	町																	1	1	Ⓚ
	南圏	半田	市		・		・	・												4		Ⓚ
		愛知武豊	町		・	・	・			・										8	1	Ⓚ
三重県	北東圏	四日市	市		・				・	・・				・						7		Ⓚ和欧
		鈴鹿	市						・	・										8		Ⓚ
		安濃	町																	1		Ⓚ
		久居	市							・	・・・	・					・			8	1	Ⓚ
		白山	町																	1		Ⓚ
		一志	町						・			・		・						4		Ⓚ
		嬉野	町								・									2		Ⓚ
		松阪						・	・	・	・	・ ・	●	⁘	∵					36	3	Ⓚö p ⊠
		三重櫛田	松											・・						3		Ⓚ
		〃　荻原	坂																		2	⊜ p
		〃　大河内	市											・						2		Ⓚ
		〃　多気	町											・						1		Ⓚ
		〃　三瀬谷																		1		Ⓚ　大台町
		伊勢	市																・	1		Ⓚ
		津	津														∵	・		10	2	ö 和欧
		津南	市																	1		Ⓚ
	南圏	三重賀田																		1		Ⓚ　尾鷲市
		熊野	市		・								:						・	6		Ⓚ
		鵜殿	村																	1		Ⓚ

［備考欄の記号］
○囲みのＫは櫛型印，
ロはローラー印。
Ｂはブロック。
Öは機械印。

図７　参考文献２より引用。局別の 50 円「記念紙」使用状況

ここからは筆者の仮説の話となる。50円緑仏や60円梵鐘のような書状額面普通切手は、大量消費されるため、郵政省(当時)→地方郵政局→地域の大規模郵便局まで、完封に入れられた状態で配給される。進藤氏の推定製造数40万枚を是とした場合、完封(シート100枚×100シート=1万枚)の単位で考えるとわずか40点となり、すなわち「記念紙」の配給を受ける大規模郵便局は最大で40局となる。大規模郵便局での販売分、さらに大規模郵便局からシートの形で配給を受ける近隣郵便局での販売分が、「記念紙」消印上に見られる使用局偏在の理由なのかもしれない。東海郵政管内最大の大規模郵便局といえば名古屋中央局が浮かぶが、同局では端消が1点見つかっているのみ。恐らくこの40局に引っかからず、配給がなかったのかもしれない。一方、最多かつ1年以上の流通がある松坂局の場合、ひょっとしたら複数の「記念紙」完封が配給されたのではないか。

　収集界に残されている記念紙は、どの程度あるのだろうか。未使用は図1のカラーマーク付単片含め、数点しか確認されていない。使用済は参考文献2の調査数300枚強を考えると、500枚程度は見つかっているのではなかろうか。使用済のマルティプルも少ないが、福島局には16枚、10枚ブロックが見つかっているそうだ。

　カバーも十数点見つかっている。

「記念紙」の消印収集

　「記念紙」に押される消印は、櫛型印が圧倒的に多い。国内書状の単貼使用由来のものなのだろう。参考文献3に鉄郵印の存在が記述されているが画像では未確認。D欄時入も報告はない。

　和文機械印は少ない。国内書状使用なので、和文機械印はもう少しあっても良さそうなものだが、意識して揃える必要がある。

　和欧文機械印は、「記念紙」の使用が確認されている局で、昭和52-53年に和欧文印を使用している局の組み合わせが少なく、こちらも少ない。静岡南局の和欧文機械印を見かけるので、なんとなくありそうな気になるけど、実はなかなかの難物である。

　ローラーは別納に使われる機会が少なかったため、難しい。流通期間に東海地方3局(一宮、四日市、春日井)では試行ローラー印を使っている。一宮、四日市あたりなら「記念紙」との組み合わせも…と夢想するが、現地のコレクターも噂すら聞いたことがないとのこと。

　欧文印は見つかっていない。

コレクション解説

　盛雄さんのコレクションから、「記念紙」の図版をお借りした(図8、9)。ゲンコー消印コレクションを標榜するだけに、素敵なショウピースが揃っている。

　まずは櫛型印。「記念紙」12枚目の確認例となった三重・賀田局の満月消に始まり、東海郵政局管内のものを、いろいろ揃えられている。三重・櫛田の縦ペア満月は、至宝と呼ぶに値する。

　和欧文印。豊橋局は昭和51年10月から和欧文印の使用を開始した局。「記念紙」との組み合わせは多くはない。昭和局は参考文献2の使用確認局に入っていない。年月日・時刻活字誤植は素晴らしい。

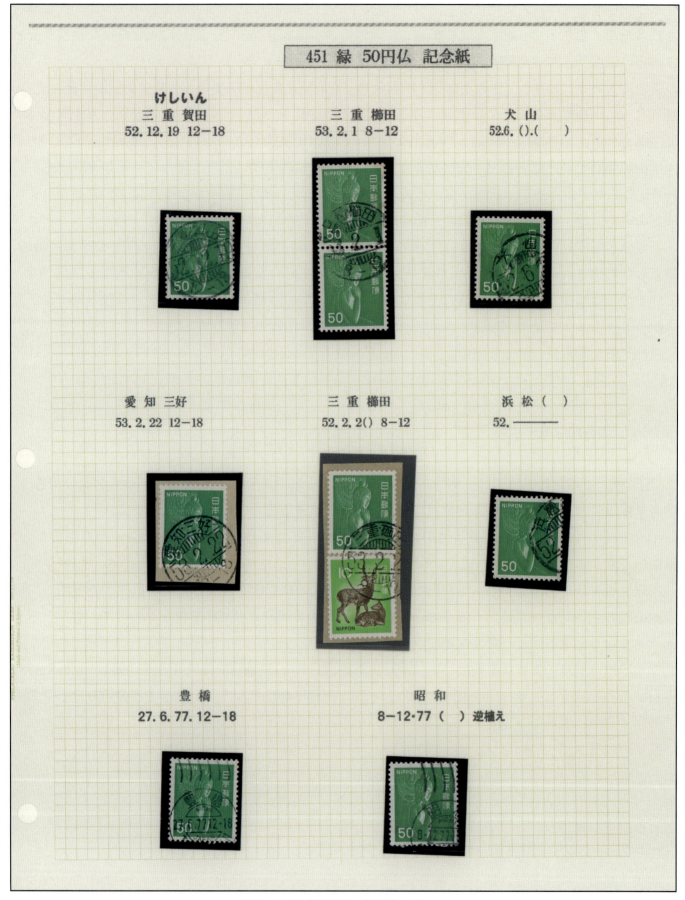

図8 50円「記念紙」使用済のリーフ

　ローラー印。オンピースで、福島局の52.3.22消。「記念紙」としては初期使用の部類に入る。
　そして使用例。最初の「記念紙」発見から40年目の今年、新たに岐阜・輪之内局 櫛型印消の単貼書状をコレクションに加えられた。「これ、欲しかったんだよね」とおっしゃられた盛雄さんの笑顔、「記念紙」への長く深い想いが感じられた。

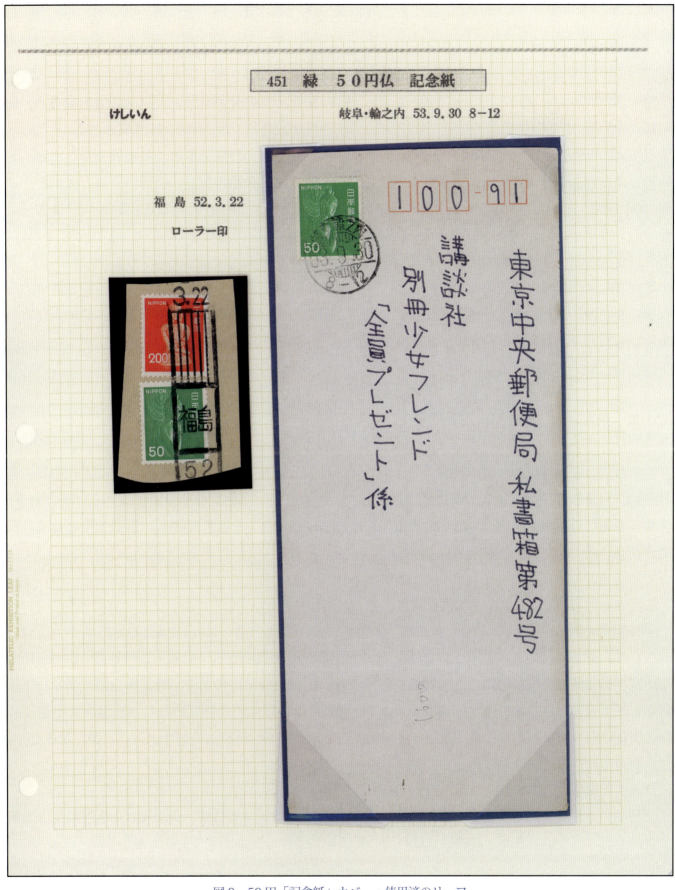

図9　50円「記念紙」カバー・使用済のリーフ

参考文献
1. ボルドー25号「遂に登場 50円記念紙の未使用」
2. 郵趣研究34号 コート紙50円の出現状況　（山崎好日児氏）
3. 機能実験9号「緑50円の記念紙」(水落真太郎氏)
4. 京浜郵報　本文にて紹介

第 1 次国宝シリーズ

コレクション　鈴木盛雄　解説　久野 徹

　第 1 次国宝シリーズは、昭和 42(1967) 年 - 44 年に渡って発行された、シリーズ切手である。国内書状 15 円、外信船便書状 50 円に適応した、15 円切手数種と、50 円切手で構成される。

　昭和 40 年代前半は、日本は切手ブームの中にあった。記念・特殊切手は、郵便局でシート買いし保管しておけば値上がりする、誰もがそう信じていた時代。この頃の記念・特殊切手は、大半が未使用で残された。では、郵便物上での使用は皆無かというとそうでもなく、15 円額面の切手は面白いものの入手チャンスがそれなりにある。新動植物国宝 66、67 年シリーズの勘所がわかっていれば、第 1 次国宝シリーズでも魅力的なアイテムを見出すことができる。

　盛雄さんはゲンコー消印コレクターとして、サイドコレクションで記念特殊切手を収集されておられる。この第 1 次国宝シリーズでも、面白い切手が集まってきていた。無理に揃えず、気に入ったものだけを気ままに収集するスタイル。本稿でも面白いものに的を絞ってご紹介したい。

第 1 集　飛鳥時代　昭和 42(1967) 年 11 月 1 日

　書状額面の広隆寺弥勒、百済観音切手と、船便書状額面の法隆寺五重塔切手から構成される。広隆寺弥勒、百済観音切手は比較的使用済の入手機会が多く、消印も色々なものが見つけられるだろう。法隆寺五重塔切手は、発行後しばらく郵便局に売れ残ったそうで (参考文献 1)、高額記念としては使用済が多い。

　では盛雄さんのコレクションを拝見しよう (図 1)。

　広隆寺弥勒切手。こんな切手に鉄郵満月があると楽しい。

　百済観音切手。この時期の切手に見られる消印で、3 種の神器と言えば「日立、欧文機械、カタカナローラー」だ。盛雄さんのコレクションではその 3 種揃い踏みが実現されている。同時期の 15 円旧菊上での収集難易度を当てはめると、難しさが類推される。欧文機械印の場合、特定の企業が DM、印刷物などを大量差出するようなケースで使われた (例：若鷹物産の印刷物に貼られた耶馬溪切手など)。DM 上には同じ切手が貼られることが多く、結果的に欧文機械印は特定の切手上に一定量が残された。百済観音の欧文機械印は珍しい。

　法隆寺五重塔。魅力的な欧文三日月と、ローラー印。

　使用例では、法隆寺五重塔切手の船便書状単貼が光る (図 2)。この頃、船便書状 50 円額面の高額記念が発行されているが、実際には同料金の第二地帯宛航空印刷物での使用が多い。

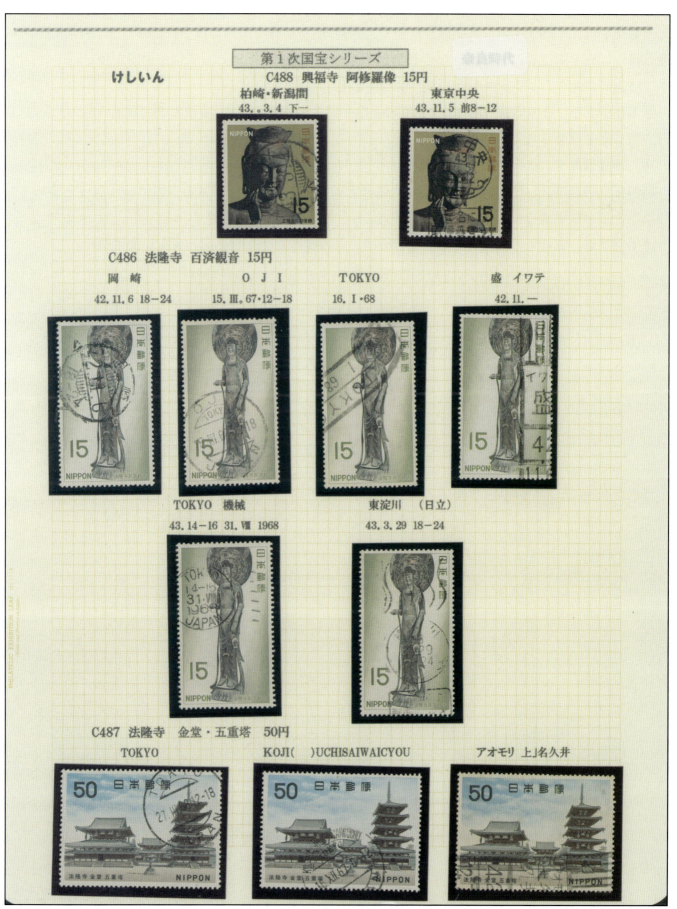

図1　第1集　飛鳥時代　リーフ

第2集　奈良時代　昭和43(1968)年2月1日発行

　書状額面の阿修羅像、月光菩薩切手と、船便書状額面の吉祥天切手から構成される。阿修羅像、月光菩薩切手は比較的使用済の入手機会が多く、消印も色々なものが見つけられるだろう。吉祥天切手は、発行後しばらく郵便局に売れ残ったそうで(参考文献1)、高額記念としては使用済が多い。

　では盛雄さんのコレクションを拝見しよう(図3)。

　阿修羅像切手。この切手も色々と楽しめる。鉄郵印は熊谷荒川間で、私鉄の秩父鉄道のもの。少ない。日立型Ⅱ期も収められている。

　月光菩薩はカタカナローラーが光る。

　高額記念の吉祥天。櫛型、欧文印とも素敵なアイテム。ローラー印はカタカナローラーを収めておられる。これは素晴らしい。

　使用例では、吉祥天の第二地帯宛航空印刷物が収められている(図4)。少ない使用例だ。

図2　法隆寺五重塔切手単貼 船便書状 AZABU 12.VI.69

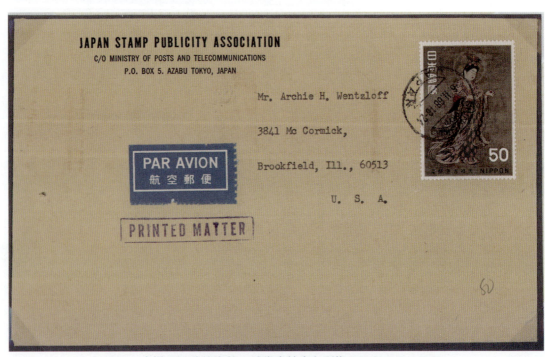

図4　吉祥天切手単貼 第二地帯宛航空印刷物 SHINJUKU 6.II.68

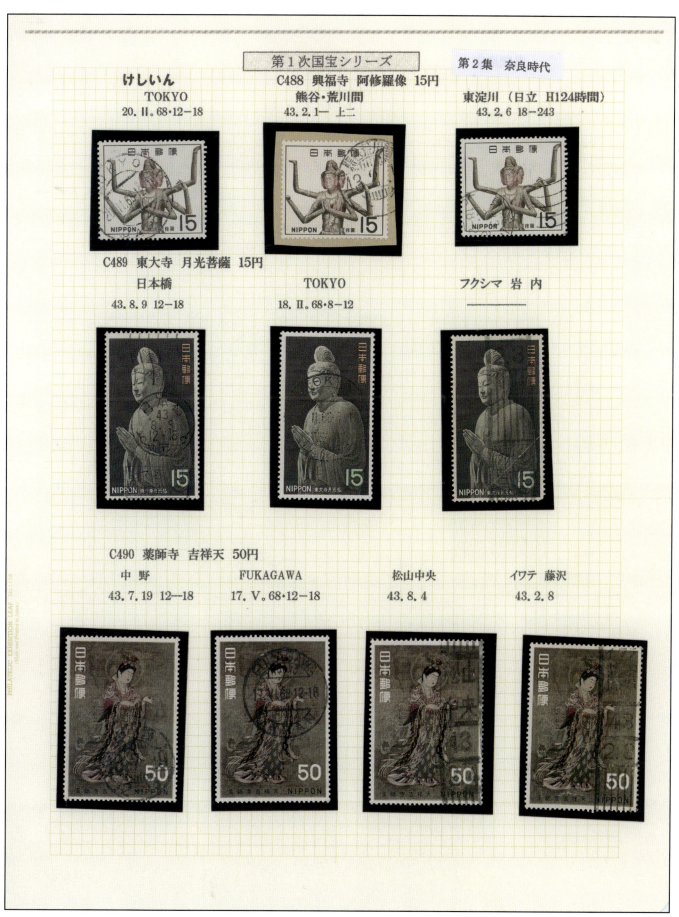

図3 第2集 奈良時代 リーフ

第3集　平安時代　昭和43(1968)年6月1日発行

　第一次国宝は後に発行されたセットほど、使用済・使用例の収集の難易度が上がる。平安時代は徐々に難易度が上がり始めた印象。書状額面の片輪車蒔絵手箱、信太山縁起絵巻切手と、船便書状額面の普賢菩薩切手から構成される。

　では盛雄さんのコレクションを拝見しよう(図5)。

　　片輪車蒔絵手箱切手。鉄郵、欧文三日月、欧文ローラーが入っているが、このクラスも入手はしんどい。

　　信太山縁起絵巻切手。カタカナローラーは秀逸。

　　高額記念の普賢菩薩切手。櫛型、和文ローラー印。基本的な使用済でも骨が折れる。

　使用例では、蒔絵手箱多数貼の、あるぜんちな丸船内局差出 豪宛航空書状を示していただいた(図6)。風景印を使用しているのも、旅行客なら自然なことなのだろう。普賢菩薩切手は、速達料金として加貼された速達葉書が光る(図7)。赤50円でよく見かける使われ方だが、この切手では珍しい。天野先生が因島局から発行初日に差し出されたもの。

図6　蒔絵手箱多数貼 あるぜんちな
　　丸船内局差出 豪宛航空書状
　　　ARGENTINA-MARU SEA POST
　　　　　　　　　　24.II.-

図7　普賢菩薩切手加貼 速
　　達葉書 因島 43.6.1

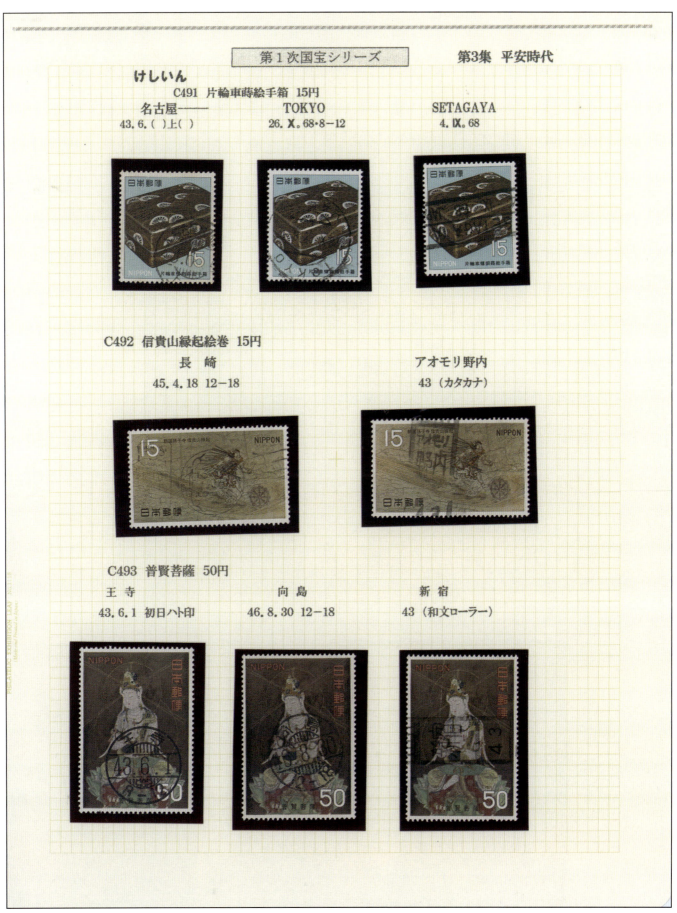

図5　第3集　平安時代 リーフ

第4集　鎌倉時代　昭和43(1968)年9月2日発行

　書状額面の源頼朝像、平治物語絵詞と、船便書状額面の春日大社赤糸威鎧切手から構成される。参考文献1によると、このセットは第一次国宝の中でも非常に評判の高かったそうで、高額面含め未使用は発行後すぐに売り切れたそうだ。書状額面切手の方も体感的に使用済・使用例の収集の難易度は高い。

　では盛雄さんのコレクションを拝見しよう(図8)。

　源頼朝像切手。日立型 尼崎標語入り戦後型が入っている。これは素晴らしいショーピース。

　平治物語絵詞切手。欧文三日月が良い。

　高額記念の鎧切手。ただの櫛型、和文ローラー印でも骨が折れる。欧文三日月は素晴らしい。

　使用例では、鎧切手単貼の、韓国宛船便書状を示していただいた(図9)。宛先から郵趣家関連の差出と思われるが大変に珍しい。ついで鎌倉時代3種貼の、米宛航空書状(図10)。合計で90円貼、よくぞ使ってくれたものだと思う。

図9　鎧切手単貼 韓国宛船便書状 NIHONBASHI 27.VIII.69

図10　鎌倉時代3種貼 米宛航空書状 NISHIJIN 16.IX.68

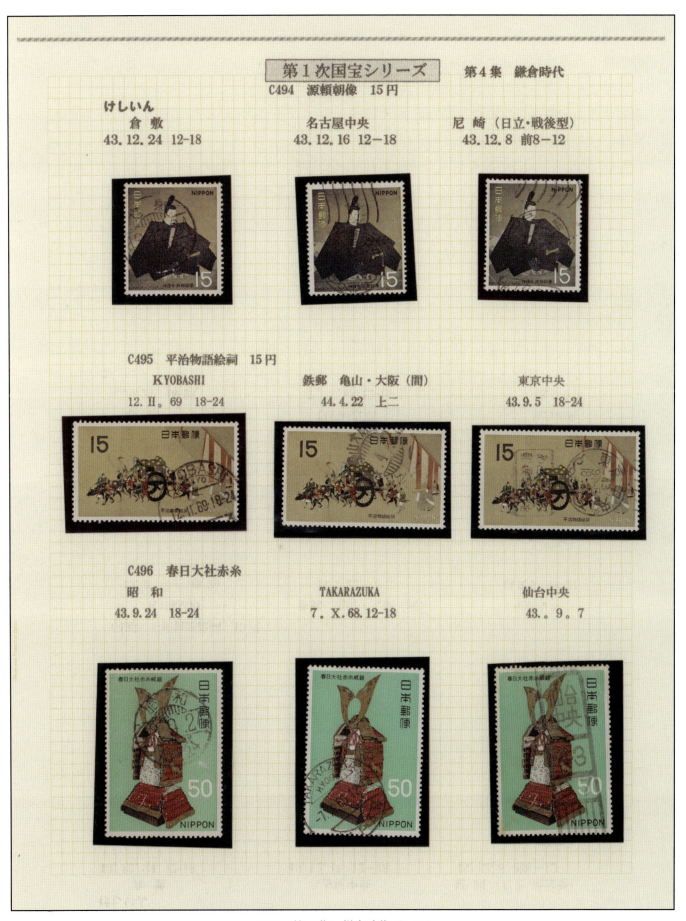

図8　第4集　鎌倉時代 リーフ

第5集　室町時代　昭和44(1969)年2月10日発行

　書状額面の銀閣、安楽寺八角三重塔切手と、船便書状額面の山水図切手から構成される。山水図切手の難しさはよく知られたところだが、銀閣、安楽寺八角三重塔切手も変化が付けづらく使用済・使用例の収集の難易度は地味に高い。
　では盛雄さんのコレクションを拝見しよう(図11)。
　安楽寺八角三重塔切手には、日立型 浦和標語入りが入っている。探して見つかるものではない。
　高額記念の山水図切手。欧文三日月が光る。
　使用例では、山水図切手単貼の、韓国宛私製航空書簡を示していただいた(図12)。私製航空書簡は赤50円単貼に見られるが、こんな高額記念切手で私製航空書状！素晴らしい!!神代(KOJIROこうじろ)郵便局という小規模局の三日月印も実に素晴らしい。次に3種貼の書留書状(図13)。一種の初日カバーなのだが、魅力的なアイテムと言える。

図12　山水図切手単貼 韓国宛私製航空書簡 KOJIRO 2.IV.69

図13　室町時代3種貼 書留書状 岐阜 33.2.10

図11　第5集　室町時代 リーフ

第 6 集　安土・桃山時代　昭和 44(1969) 年 7 月 21 日発行

　書状額面の姫路城、松林図切手と、船便書状額面の檜図切手から構成される。檜図切手は山水図と並び難関として知られる。姫路城、松林図切手も変化が付けづらく使用済・使用例の収集の難易度は高い。発行時期が昭和 44 年の後半で、日立型やカタカナローラーは組み合わせ的に難しくなる。一方、昭和 43 年 12 月から使用の始まった和欧文機械印が見られるようになってくる。

　では盛雄さんのコレクションを拝見しよう (図 14)。

　姫路城切手には、日立型 東淀川標語入りが入っている。松林図切手にも、日立型 東淀川標語入りが入っている。どちらも、探して見つかるものではない。松林図切手には、札幌局の和欧文印も収められた。

　檜図切手は三日月印と欧文ローラー。どちらも得難いもの。

　使用例では、檜図切手単貼の、米宛航空印刷物 (FFC) を示していただいた (図 15)。こういったメイドカバーも、コレクションには有効である。

図 15　檜図切手単貼 米宛航空印刷物 TOKYO AP 21.X.69

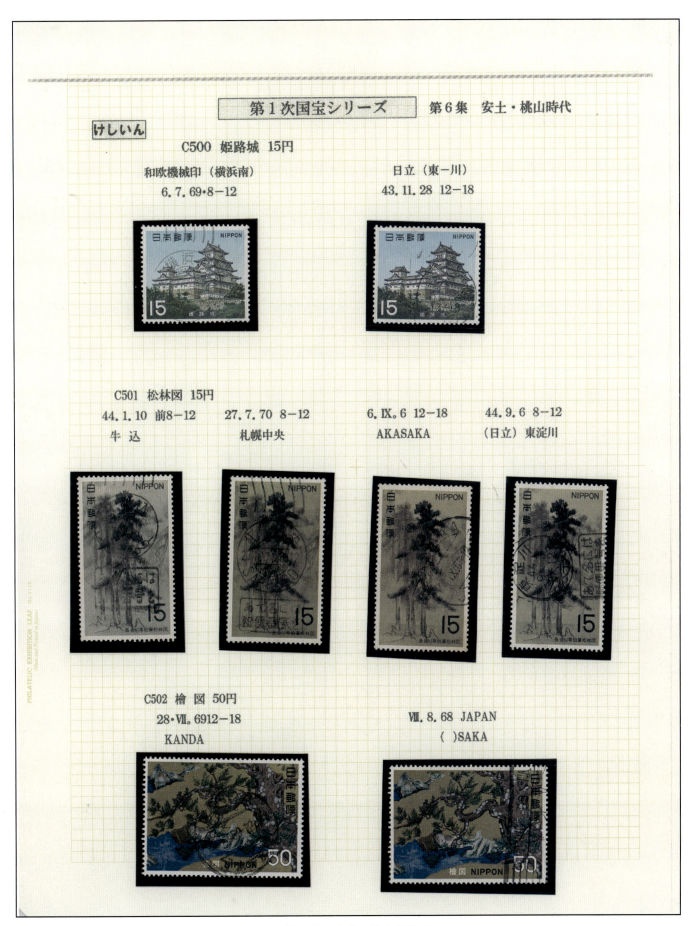

図14　第6集　安土・桃山時代 リーフ

第 7 集　江戸時代　昭和 44(1969) 年 9 月 25 日発行

　書状額面の十便図、紅白梅屏風図切手 (連刷) と、船便書状額面の色絵雉香炉切手から構成される。雉香炉切手は後年の書状使用が多いため、油断しがちだが、実は檜図にも負けない難関切手である。そして伏兵がもう一つ。連刷の屏風図切手が滅法難しい。出来の良さから未使用で残されたか、連刷の使いにくさが優ったか。発行時期が昭和 44 年の 9 月で、昭和 44 年いっぱいで姿を消す日立型やカタカナローラーは極めて難しい組み合わせとなる。

　では盛雄さんのコレクションを拝見しよう (図 14)。

　書状額面の 2 組。鉄郵や欧文三日月印あたりで変化を付けたいところだが、なかなかどうして。台切手×消印のチェックリストを用意し、常に意識して探さないと、なかなか難しい。

　雉香炉切手には三日月印とローラー、そしてなんと昭和 45 年の鉄郵印が入っている。これは記念特殊切手をメインで集めている方であっても、まず手に入れられないレベル。

　使用例では、雉香炉切手加貼の、速達葉書 (往復はがき往信片) を示していただいた (図 17)。JPSから天野先生宛のものであるが、実務的な郵便物だったのだろう。魅力的な一通だと言える。もう一点、雉香炉切手単貼の沖縄宛航空印刷物を紹介する (図 18)。初日カバーながら、2 倍重量航空印刷物の 50 円に適応しているのが素晴らしい。裏面フラップは、糊付けされていない。

図 17　雉香炉切手加貼 速達葉書 (往復はがき往信片) 渋谷 45.2.2

図 18　雉香炉切手単貼 沖縄宛航空印刷物　ISHIKAWA 25.IX.69

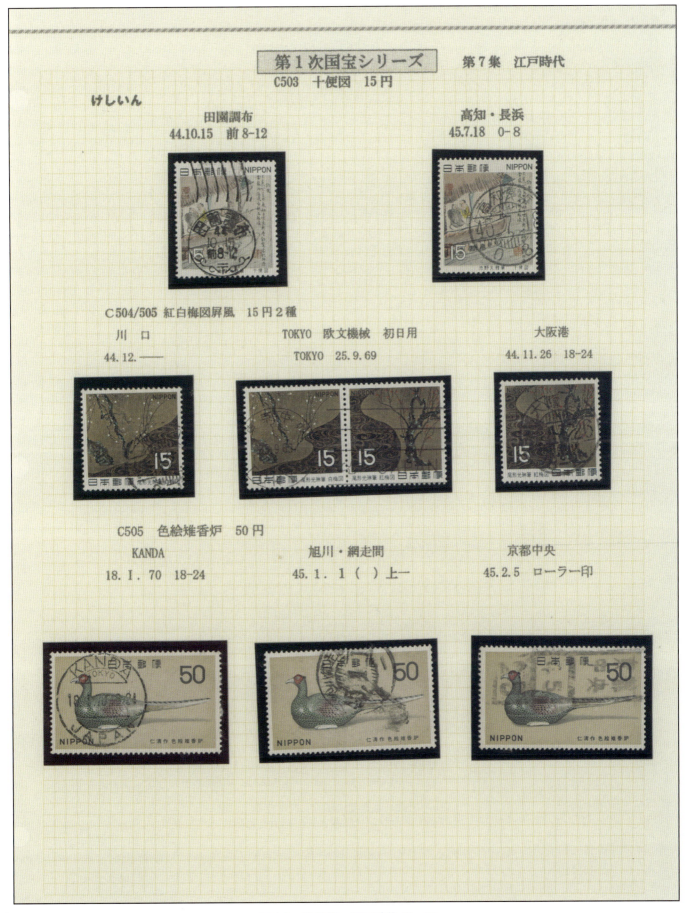

図16 第7集 江戸時代 リーフ

参考文献
1. 1億総切手狂の時代 内藤陽介
2. 機能実験88年合本「第1次国宝」

すだれやさんのゲンコー消印コレクション　Photos

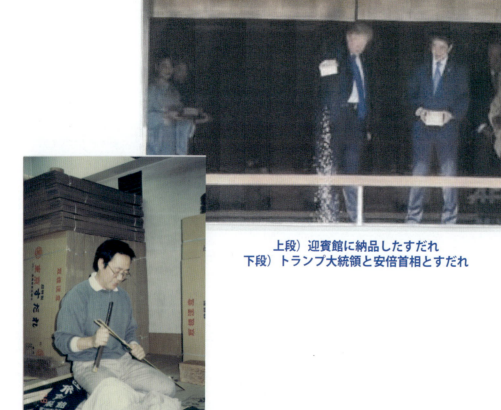

上段）迎賓館に納品したすだれ
下段）トランプ大統領と安倍首相とすだれ

浅草産業会館にて
新物屋の見本市（年1回）

すだれやさんのゲンコー消印コレクション　Photos

右から、鈴木（本人）、吉田敬さん、千代秀樹さん、高崎真一さん、すみませんお名前思い出せません

上段　すみませんお名前思い出せません、久保誠一さん、千代秀樹さん、諸星直卓さん、鈴木（本人）、古沢保さん
下段左から　山口真一さん、高崎真一さん、すみませんお二方のお名前思い出せません。

著者紹介・あとがき

鈴木盛雄スズキモリオ 77 歳 1947 年（昭和 22 年 3 月 11 日生まれ

東京都港区赤坂 3-13 職業 元製簾業 鈴松商店 店主

　はじめて買った切手は第 3 回アジア競技大会（1958 年）です。近くのたばこ屋さんに 53 円を持っていき買いました、「14 円・24 円が何であるのかな？」と思っていました。この時には、港区の小学校 3 校（青山小・赤坂小・氷川小）でマスゲームをやりました。

　中学・高校は早稲田実業に通いました。学校で 1 番良かったのは、開校記念日が 4 月 20 日だったことです。6 年間、郵便局に趣味週間切手を買いに行くことができました。

　大学は自動車教習所とボーリング場の近い目黒白金に行きました。切手の方は、自転車で行けた原宿のフクオ、新宿南口の階段を下りたビル内にあった郵趣会館に通っていました。

　細々と続けていた蒐集でしたが、杉並の郵趣会に入って世界が変わりました。ちょうどその頃、昭和 56 年から発売された広告はがきに熱中しましたが、地方発売分が買えないことに悩まされました。しかしこの当時、ミニコミ誌にて情報をしっかり配信してくれる若手が多数いて、大森にいた城倉巧さん（「エコーメイト」誌主幹）の会合に出てみました、そこでむさしの吉田さん・郵覧船の古沢さん、小学生の高崎さん，千代さん、亡くなった山口君（相変わらず列車で旅行しているかな）とお会いし、今に至る交流が始まりました。現行切手のバイブルと言われた P.O.BOX 誌、久野さんのボルドー誌も購読していました。

　こういった収友の影響もあり、現行切手の収集は、早稲田のキリスト 10 キロ BOX から探すことが主となりました。業者や切手商からはあまり買っていませんでしたが、NOVA・SEVEN・バリュエイション等のオークション誌は現行主体で利用していました。ヤフーオークションも利用していました。

　最近は体の調子が今ひとつなので、草加支部・杉並支部にもあまり行けず残念ですが、引き続き利用している SEVEN に加えて、ジャパンスタンプ・スタンペディアオークションを利用して入手しては、整理を続けています。仲間と諸先輩との付き合いでここまで来れました。まだまだ高村さんのレベルにはなりませんが、これがすだれ屋さんのレベルです。「穴だらけですが、よく集まったな」と思っています。自己満足。

　仕事もやめて 10 年。手仕事なので、作ったものを見るのがこわい。もう注文通りにはできないでしょう。完璧なものをめざしてきましたが、仕事も切手収集も中途半端でした。

書　　名：すだれやさんのゲンコー消印コレクション
著　　者：鈴木盛雄
発　　行：無料世界切手カタログ・スタンペディア株式会社
定　　価：1000 円（消費税込）
発行数：200 部
発行日：2024 年 9 月 15 日